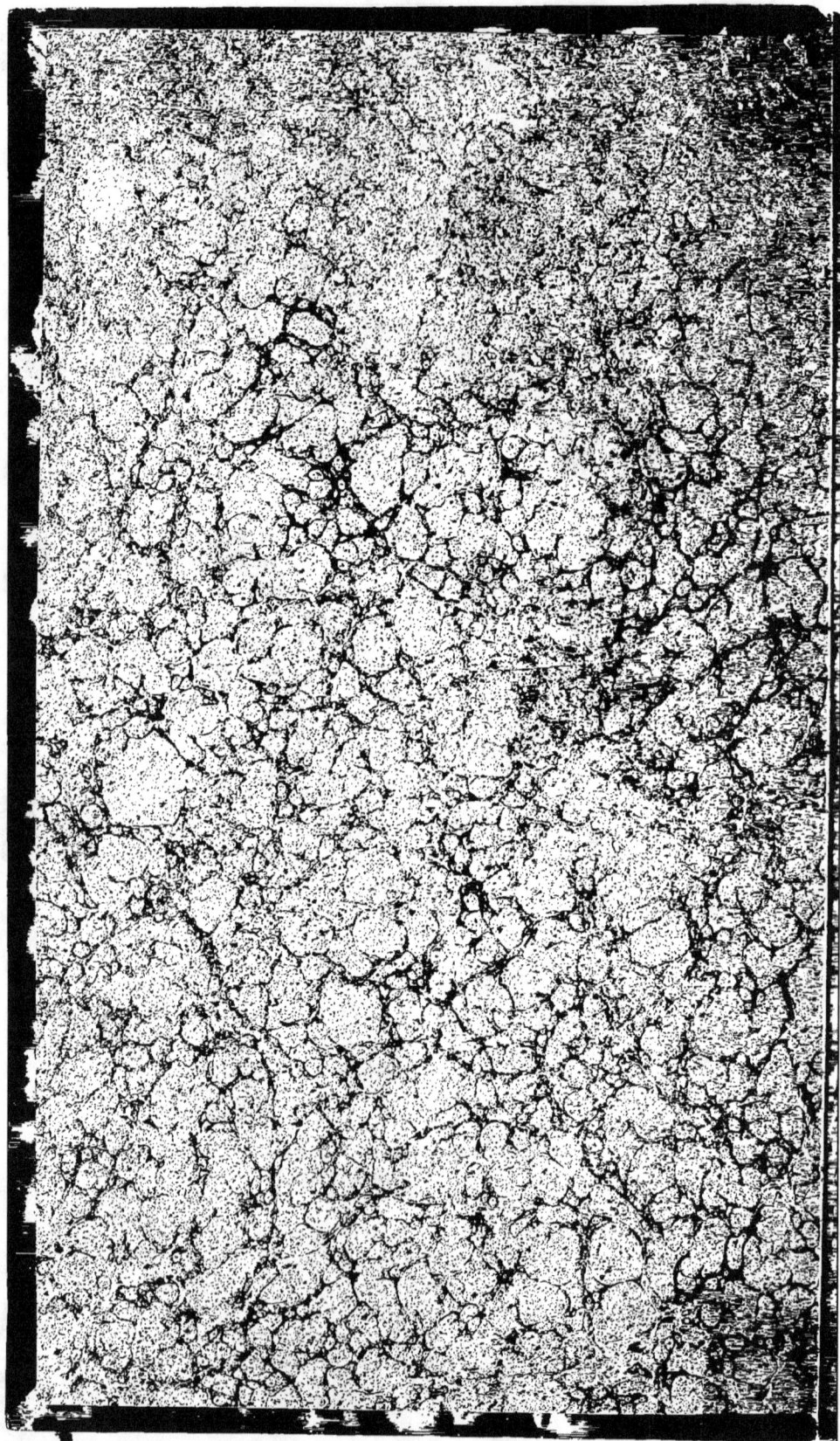

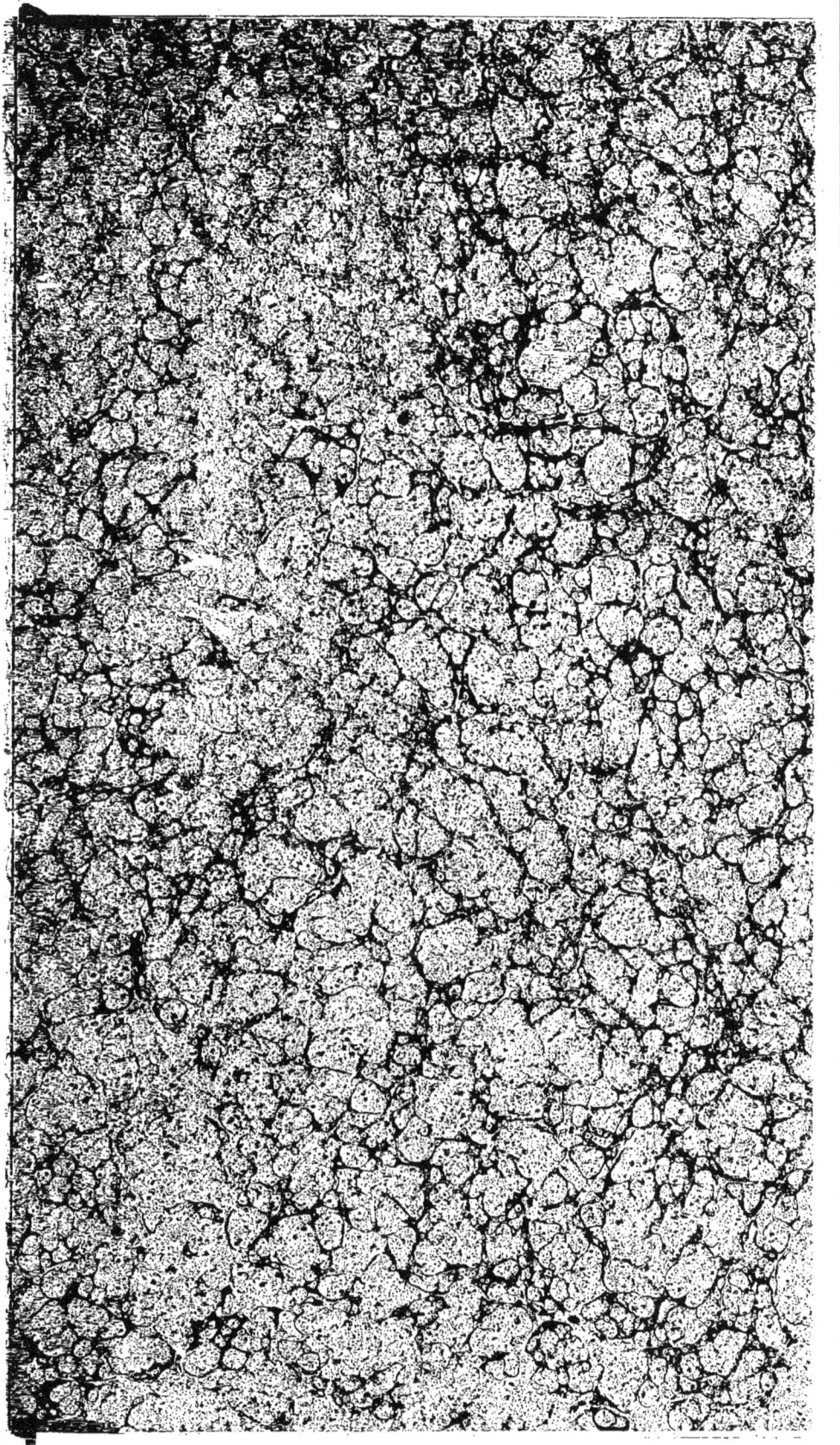

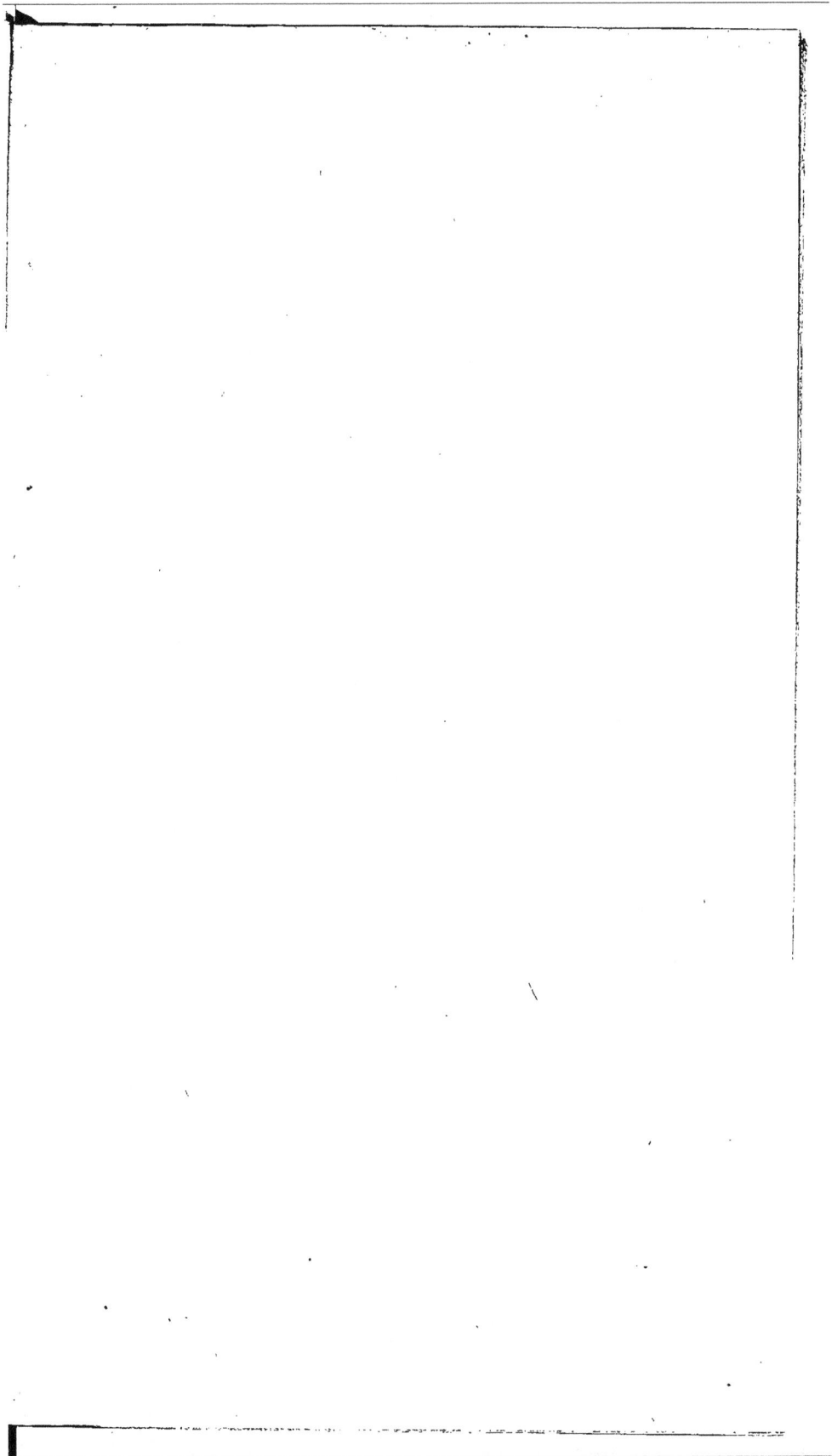

S

26503

MÉMOIRE

SUR LES GROUPES

DU CANTAL, DU MONT-DORE,

ET SUR LES SOULÈVEMENS

AUXQUELS CES MONTAGNES

DOIVENT LEUR RELIEF ACTUEL.

PAR M. DUFRENOY ET ÉLIE DE BEAUMONT,
Ingénieurs des Mines.

(Extrait des Annales des Mines, IIIᵉ. Série, Tome III.)

Paris.

CHEZ CARILIAN-GOEURY; ÉDITEUR-LIBRAIRE,
QUAI DES AUGUSTINS. Nᵒ. 41.

JUILLET 1833.

PARIS. — IMPRIMERIE ET FONDERIE DE FAIN,
RUE RACINE, Nº. 4, PLACE DE L'ODÉON.

MÉMOIRE

Sur les groupes du Cantal, du Mont-Dore, et sur les soulèvemens auxquels ces montagnes doivent leur relief actuel.

Par MM. DUFRÉNOY et ÉLIE DE BEAUMONT,
Ingénieurs des Mines.

Introduction.

SUR LES CRATÈRES DE SOULÈVEMENT EN GÉNÉRAL.

Pendant long-temps la géologie positive n'a été qu'une extension de la minéralogie. On étudiait les élémens minéralogiques, dont la réunion constitue la masse des montagnes, et on se bornait à conclure l'origine ignée ou aqueuse de ces masses d'après la nature de ces mêmes élémens, d'après la possibilité de concevoir leur formation par la voie sèche, par la voie humide ou par voie de sédiment mécanique. Les incertitudes que présentait ce genre de spéculation ont fait naître les disputes opiniâtres des vulcanistes et des neptuniens.

Depuis lors les progrès des observations ont conduit les géologues à envisager de plus haut la structure des montagnes. Ils ont appris à lire dans leurs formes extérieures, et dans la disposition relative de leurs différentes parties, les effets des mouvemens qu'ont subis, après une consolidation plus ou moins complète, les masses qui les constituent. De ce nouveau genre de considérations est résultée une branche particulière de la science, celle qu'on désigne vulgairement sous le nom de théorie des soulèvemens.

Les montagnes volcaniques, qui reposent sur les portions de l'écorce de notre globe les plus sujettes à des mouvemens intérieurs, et qui sont composées en partie de roches dont la position originaire est facile à assigner, puisqu'elle a été commandée par les lois de l'hydrostatique, présentaient le champ le plus naturellement ouvert à ce genre d'investigation ; aussi ont-elles donné naissance à celle de toutes les théories géologiques qui offre le plus complétement ce caractère d'évidence et de rigueur qu'on désirerait trouver dans toutes les parties d'une science basée avant tout sur l'application des lois générales de la physique. Nous voulons parler de la théorie des *cratères de soulèvement*, par M. Léopold de Buch.

Cette théorie, toute simple qu'elle est, a rencontré des objections qui pourraient faire croire qu'un grand nombre de géologues ne l'ont pas envisagée sous son véritable point de vue. Nous espérons donc qu'on nous pardonnera de faire précéder ce mémoire, consacré à l'étude de deux groupes de montagnes auxquels elle s'applique en partie, par quelques remarques qui nous semblent propres à en mieux faire saisir l'esprit.

Supposons qu'à la cime d'un monticule d'une forme conique, à peu près régulière, jaillisse une source dont les eaux, après avoir coulé sur sa déclivité suivant la ligne de plus grande pente, se rassemblent dans un lac situé à son pied.

Concevons que la température s'abaisse d'un certain nombre de degrés au-dessous du terme de la congélation de l'eau. Les eaux de la source n'arriveront plus en entier à la base du cône, une partie se congèlera sur la surface du sillon que leur écoulement aura préalablement creusé sur la déclivité du cône. Ce sillon sera bientôt rempli, et l'eau, obligée de suivre un autre cours, ne tardera pas à revêtir une partie plus ou moins considérable de la surface du monticule de traînées de glace concrétionnée. Si le phénomène se prolonge, et si le monticule est à peu près régulier, il finira par être complétement recouvert de filets de glace disposés suivant les arêtes de la surface conique extérieure.

Les eaux du lac auront gelé en même temps que celles qui coulent sur la pente du monticule et nous pouvons supposer, en second lieu, qu'une explosion souterraine, ou toute autre force agissant de bas en haut, fasse céder la glace de ce lac, en produisant d'abord une cassure rayonnée analogue à celle d'une bouteille *étoilée* par un choc léger, et en relevant ensuite autour du centre de rupture les pointes des fragmens triangulaires convergens. Ces fragmens triangulaires, en tournant chacun autour de celui de ses côtés, qui est opposé à leur sommet commun, pourront s'élever de manière à ce que leurs plans prolongés passant par un même point de la verticale du centre de rupture, forment une pyramide dont le sommet correspondra verticalement à ce même centre. Cette pyramide, sur toutes les arêtes de laquelle les triangles relevés laisseront nécessairement quelques vides, pourra cependant au premier aspect, si les dimensions générales sont analogues de part et d'autre, présenter quelque ressemblance avec le cône revêtu de glace,

dont nous avons parlé en premier lieu. De part
et d'autre ce serait de la glace inclinée de toutes
parts à partir d'un point central. Un observateur, qui ne ferait pas attention aux interstices
que présente la seconde pyramide, ou qui les
attribuerait à quelque cause accidentelle indépendante de son origine, pourrait croire d'abord
que les deux pyramides ont été formées de la
même manière. Mais s'il porte successivement le
marteau sur la glace de l'une et de l'autre, s'il
en détache des fragmens, et s'il examine d'un
œil attentif et avec des instrumens convenables
leur structure cristalline, il s'apercevra que celle
du premier cône a été formée par la superposition
graduelle de coulées qui peuvent s'être solidifiées
dans leur position actuelle, tandis que la glace du
second a cristallisé à la surface d'une eau tranquille et par conséquent dans une position horizontale, et ne peut avoir été placée dans sa position inclinée actuelle que par l'effet d'un mouvement postérieur à sa consolidation.

Les terrains volcaniques présentent deux espè-
ces de montagnes, qui, par le mode de leur formation et par les moyens qu'on peut employer
pour les distinguer, correspondent aux deux
monticules revêtus de glace dont nous venons de
parler.

Les cônes du Vésuve et de l'Etna, couverts en
partie de traînées étroites de laves scoriacées ou au
moins bulbeuses qui se sont arrêtées dans les sillons qui altéraient la régularité de leurs flancs,
appartiennent à la première espèce.

Les surfaces de l'île de Palma, de l'île de Ténériffe, du massif du Cantal, appartiennent à
la seconde espèce ; elles sont revêtues de nappes

de basalte qui n'ont pu s'étendre uniformément
en tous sens, et se diviser tranquillement en
prismes perpendiculaires à leurs surfaces supérieure et inférieure, que dans une position sensiblement horizontale, et dont l'inclinaison actuelle est aussi évidemment l'effet d'un mouvement postérieur à leur origine, que le serait
celle de la glace du second des deux monticules
dont nous avons parlé précédemment.

Cette distinction repose sur le fait observé au
Vésuve, à l'Etna, à Ténériffe, en Islande, à l'île
de Bourbon, et sur plusieurs des volcans modernes
de l'Auvergne et du Vivarais, que les coulées de laves
n'ont laissé, sur les flancs inclinés des cônes qui les
ont vomies, que des traînées étroites de matières
scoriacées, résultat de la solidification rapide de
leur surface; tandis que la matière de ces coulées,
lorsqu'elle était abondante, s'est toujours dégagée
de dessous le manteau irrégulier, dont le froid
atmosphérique la recouvrait, et n'a cessé de prendre les caractères qui sont le résultat nécessaire
d'un refroidissement rapide, que dans des po-
sitions où, quoique liquide encore, elle ne pouvait
plus couler ; qu'elle ne s'est étendue en larges
nappes, comparables par leur structure minéralogique et géométrique aux nappes de basalte, que
dans des dépressions à fond plat, qu'elle n'a
guères rencontrées que vers le pied des cônes.
Conformément aux lois de l'hydrostatique, la
matière fondue s'est arrêtée sur ces terrains
plats en formant des lacs enflammés, où elle
a pris, par un refroidissement lent, une structure plus serrée et moins bulleuse que celle des
laves figées rapidement sur les flancs inclinés des
montagnes, et où elle a conservé après sa congélation une surface horizontale.

Les nappes basaltiques, soit qu'elles aient été produites, comme l'ont pensé quelques géologues, par d'anciens cratères aujourd'hui détruits, soit qu'elles doivent plutôt leur origine, comme la lave de lancerote, à un épanchement à travers des fentes, n'offrent d'analogie qu'avec ces larges expansions que présentent vers leurs parties inférieures un grand nombre de coulées modernes. C'est cette analogie qui a conduit M. de Humbolt à opposer, avec la justesse et la profondeur d'aperçus qui caractérisent tous ses ouvrages, les laves qui coulent en *bandes étroites* des cratères des volcans permanens, aux *nappes basaltiques* qui constituent de larges plateaux.

Un courant de lave pourrait s'étendre en larges nappes sur la croupe même d'un volcan, s'il y rencontrait une dépression semblable, par exemple, à celles dans lesquelles prennent ordinairement naissance les tourbières des pays de montagnes ; mais dans ce cas sa surface serait sensiblement horizontale, et une large nappe basaltique disposée en plan incliné ne peut avoir eu une telle origine. Celles dont le Cantal est revêtu ne se sont pas plus formées dans des dépressions complétement circonscrites, que les terrains d'eau douce qui s'élèvent graduellement depuis les plaines du Berry jusqu'au delà de Brioude. Dans un cas, pas plus que dans l'autre, on n'aperçoit la moindre trace des rebords qui auraient achevé de former l'enceinte des bassins supposés.

Une pente couverte de basalte est donc aussi évidemment, et même plus évidemment, due à un mouvement de l'écorce du globe, qu'une pente formée par une couche de calcaire à lymnés déposée dans les eaux d'un marais ; il en résulte

qu'*un cône revêtu de basaltes est nécessairement un cône de soulèvement.*

L'analogie qu'on a cru trouver entre les alter-
nations de tufs et de laves qui s'étendent de la
cime à la base d'un cône d'éruption, et les alter-
nations de basalte solide et de tufs que peut présenter un cône dont la surface est formée par
des nappes basaltiques inclinées, est donc une pure
déception ; en effet, elle disparaît d'elle-même si,
au lieu de comparer deux coupes passant par
le point central, on compare deux coupes faites
par des cylindres verticaux, concentriques aux
axes de deux montagnes appartenant aux deux
classes dont il s'agit. Dans la coupe ainsi obtenue
dans le cône revêtu de basalte, on verra les assises
successives de basalte et de tuf se terminer par de
longues lignes à très-peu près parallèles et horizontales. Dans la coupe fournie par le cône d'éruption , chaque coulée de lave ne présentera au
contraire qu'une section isolée, peu étendue, et
les sections des différentes coulées seront dispo-
sées irrégulièrement , au milieu de la masse
générale des tufs dus aux déjections incohérentes.
Les assises successives de ces tufs devront elles-
mêmes présenter de grandes irrégularités, puisque chacune d'elles, avant le dépôt de la suivante,
aura été soumise aux agens de destruction qui
agissent avec une si grande violence sur les flancs
des volcans en éruption.

Le même mode de distinction s'applique avec
la même évidence , si on compare aux bandes
étroites laissées sur les cônes des volcans permanens par les différentes coulées de lave, les énormes
nappes trachytiques qui constituent en partie

le massif du Mont-Dore, et qui forment presque toute la surface de ses pâturages élevés.

Il serait aisé d'exprimer par le calcul les rapports qui existent nécessairement entre la position que peuvent avoir reçue les glaçons résultant de la rupture de la glace d'un étang, et celle qu'ils avaient primitivement au moment de leur cristallisation. Si l'observation constate que certaines masses de roches, dont la surface est aujourd'hui rectiligne et continue, mais inclinée, se sont formées comme des glaçons par la consolidation tranquille d'une masse liquide, le même genre de rapports existera entre la position actuelle de leur surface et sa position primitive ; ces rapports pourront se calculer directement et indépendamment des mouvemens plus composés que devront avoir éprouvés les masses plus profondément situées qui leur servent de support. C'est le cas, par exemple, des nappes balsatiques, c'est également celui des trachytes lorsqu'ils forment des nappes étendues en tous sens ; les calculs qu'on pourrait faire, relativement à des masses rectilignes et continues, mais inclinées, de roches de ce genre, s'appliqueraient même presque rigoureusement à des montagnes dont les surfaces seraient formées de parties rectilignes et continues, mais sensiblement inclinées de couches de sédiment.

Supposons, par exemple, que des nappes basaltiques, dont l'étendue en tous sens, et la compacité annoncent que le refroidissement a eu lieu dans une position horizontale, se relèvent uniformément à partir d'une circonférence de cercle vers une verticale élevée au centre de cette circonférence. Ces diverses nappes, dans leur position relevée, font partie de la surface d'une pyramide ayant pour base la surface plane que composaient ces mêmes nappes avant leur relèvement. La surface supérieure de la pyramide étant nécessairement plus grande que celle de sa base, il est évident que les nappes relevées ne peuvent l'occuper en entier, et qu'elles doivent au contraire laisser entre elles des vides le long des arêtes et autour du sommet. Le nombre et la disposition de ces vides dépend de la manière dont la surface plane primitive aura pu *s'étoiler* au moment de la première action de la force soulevante et du nombre de fractures divergentes qui se seront formées autour du point central de soulèvement. Ce nombre n'est pas limité; il serait même possible que, dans la plus grande partie de sa surface, la masse soulevée n'eût fait que se fendiller d'une manière presque imperceptible vers les bords, et se fût alors élevée suivant la forme d'un cône régulier, présentant seulement à son sommet une crevasse rayonnée. Ce dernier cas est la limite des formes que comporte l'hypothèse que nous considérons; et comme dans une pareille question ce n'est qu'une limite qu'on peut se proposer de trouver pour le calcul, ce sera ce cas extrême seulement que nous traduirons en analyse.

Soit donc R le rayon d'un cercle tracé sur une surface basaltique primitivement horizontale, et qui se trouve relevée de toutes parts de la circonférence vers un point central; soit H la hauteur comprise entre la position primitive du centre et le point de la verticale de ce même centre vers lequel se dirigent les surfaces basaltiques relevées. Le cône limite, que nous substituons par la pensée à la pyramide plus ou moins régulière à laquelle le soulèvement aura donné naissance, présentera les élémens suivans.

Rayon de la base. . . . . . $= \mathrm{R}$
Hauteur. . . . . $= \mathrm{H}$
Apothème. . . . . $= \sqrt{\mathrm{R^2 + H^2}}$
Surface de la base . . . . . $= \pi \mathrm{R^2}$
Surface extérieure du cône. $= \pi \mathrm{R} \sqrt{\mathrm{R^2 + H^2}}$

La somme des interstices produits dans le soulèvement par l'écartement des élémens de la surface primitive, aura pour mesure l'excès de la surface extérieure du cône sur la surface de sa base.—Si donc on appelle S la surface totale des fractures on aura :

$$ S = \pi \mathrm{R} \sqrt{\mathrm{R^2 + H^2}} - \pi \mathrm{R^2} = \pi \mathrm{R^2} \left(\sqrt{1 + \frac{\mathrm{H^2}}{\mathrm{R^2}}} - 1 \right), $$

ou, en développant le radical et supprimant l'unité qui se trouve en plus et en moins :

$$ S = \pi \mathrm{R^2} \left(\frac{1}{2}\frac{\mathrm{H^2}}{\mathrm{R^2}} - \frac{1}{8}\frac{\mathrm{H^4}}{\mathrm{R^4}} + \frac{1}{16}\frac{\mathrm{H^6}}{\mathrm{R^6}} - \frac{5}{128}\frac{\mathrm{H^8}}{\mathrm{R^8}} + \frac{7}{256}\frac{\mathrm{H^{10}}}{\mathrm{R^{10}}} - \cdots \right) $$

Cette série peut se mettre sous la forme suivante :

$$ S = \frac{1}{2}\pi \mathrm{H^2} - \pi \left(\frac{1}{8} - \frac{1}{16}\frac{\mathrm{H^2}}{\mathrm{R^2}} \right)\frac{\mathrm{H^4}}{\mathrm{R^2}} - \pi \left(\frac{5}{128} - \frac{7}{256}\frac{\mathrm{H^2}}{\mathrm{R^2}} \right)\frac{\mathrm{H^8}}{\mathrm{R^6}} - \cdots $$

de manière à ne présenter qu'un premier terme affecté du signe $+$ et une suite infinie de termes affectés du signe $-$.

Dans tous les cônes de soulèvement auxquels il y aura lieu de faire l'application de cette formule, l'inclinaison des nappes basaltiques ou trachytiques est toujours plus petite que 45°. A Stromboli, d'après M. Hoffmann, elle est de 25 à 30°, et c'est la plus considérable qu'on ait citée. Par conséquent on a toujours H $<$ R, d'où il résulte d'abord que tous les termes affectés du signe moins sont réellement négatifs. Le terme $\frac{1}{2}$ π H^2 est donc la seule partie positive de la série et forme la limite supérieure de sa valeur. La valeur absolue de chacun des termes négatifs décroît à mesure que le rapport de H à R diminue, de sorte que pour les valeurs de ce rapport qui se présentent ordinairement, le 1er. terme de la série $\frac{1}{2}$ π H^2 donne une approximation de la valeur de S plus que suffisante dans une question du genre de celle qui nous occupe. Dans le cas de H $=$ R, qui est un cas extrême, la partie négative de la série se réduirait à la somme de ses coefficiens numériques multipliée par π H^2 ou à $(\frac{3}{2} - \sqrt{2})\pi$ H$^2 = 0,0858\,\pi$ H^2 et la série complète à $(0,5 - 0,0858)\pi$ H^2, expression dont le second terme peut être négligé sans commettre une erreur supérieure à $\frac{1}{7}$ du total. Lorsque l'inclinaison des arêtes du cône est de 26° 33′ 54″, inclinaison qui s'éloigne peu de celle observée par M. Hoffmann à Stromboli, et qui est supérieure aux inclinaisons observées dans la plupart des cas analogues, $\frac{H}{R}$ est égal à $\frac{1}{2}$, et la partie négative de la série se réduit à π H$^2 (4,5 - 2\sqrt{5}) = \pi$ H$^2 \times 0,02986$, et la série totale à π H$^2 (0,5 - 0,02986)$, expression dont de second terme peut être négligé sans commettre une erreur supérieure à $\frac{1}{16}$ du total. Pour des inclinaisons plus petites, l'approximation serait encore plus grande; on peut donc dire que la somme des interstices que laissent entre elles les nappes basaltiques relevées, est donnée avec une approximation suffisante par la formule

$$S = \tfrac{1}{2} \pi H^2, \quad (1).$$

qui est la mesure de la moitié du cercle décrit avec un rayon égal à la hauteur H.

Cette expression étant indépendante du rayon R de la base, on voit que, dans tous les cônes de soulèvement de même hauteur, la somme des interstices laissés entre elles par les nappes basaltiques, doit être sensiblement la même. Seulement ces interstices sont répartis sur une surface d'autant plus grande, que la base du cône est plus large. De là il résulte que, toutes choses égales, un pareil cône présente des élémens d'autant plus divisés, d'autant plus accessibles à l'action des agens atmosphériques, et par conséquent d'autant plus susceptibles de s'écrouler et d'être entraînés par suite de l'action destructive de ces agens, qu'il offre une base plus étroite et des flancs plus inclinés.

Nous avons supposé que l'espace soulevé était sensiblement circulaire. Si au lieu de cela il s'étendait de différens côtés à des distances diverses du centre de soulèvement, on pourrait le partager en plusieurs secteurs qu'on assimilerait respectivement aux secteurs correspondans de différens cônes ayant tous une même hauteur H. Les vides que présenteraient ces secteurs auraient pour mesure approchée des fractions correspondantes à leur amplitude respective du demi-cercle $\tfrac{1}{2} \pi H^2$. Ainsi, dans un secteur de 45°, pris dans une direction quelconque autour du centre de soulèvement, la somme des interstices produits par les déchiremens serait toujours à très-peu près $\tfrac{1}{8} \pi H^2$, quelle que fût dans cette direction la douceur ou la rapidité de la pente. On voit aisément d'après cela que dans une pyramide de soulèvement telle que celle que nous considérons, le côté le plus court et le plus rapide, doit, toutes choses égales, être le plus fendillé.

Ce qui précède ne s'applique qu'à la surface supérieure des nappes basaltiques soulevées, et n'est rigoureusement vrai que pour la pellicule extérieure de la pyramide de soulèvement. Tous les points situés à une profondeur sensible au-dessous de la surface extérieure se gênent réciproquement dans le mouvement ascensionnel que nous leur supposons. En effet, si on traçait un triangle isocèle sur la surface supérieure et horizontale d'une masse d'une épaisseur sensible, et si, après avoir coupé et dégagé cette masse suivant les deux côtés égaux du triangle, on l'inclinait en la faisant tourner autour du 3ᵉ. côté comme charnière, les différens points de cette même masse, qui dans sa position primitive se trouvaient dans une même verticale, se trouveraient, après le mouvement, dans une même tangente au cercle décrit par celui d'entre eux qui fait partie de la surface supérieure. Le mouvement que je viens d'indiquer ne peut s'effectuer, sans que tous les points intérieurs de la masse en question éprouvent un déplacement relatif plus ou moins considérable, qu'autant que cette masse se trouve, ainsi qu'on l'a supposé, préalablement dégagée sur deux de ses côtés. Dans tout autre cas, il doit nécessairement y avoir, au moins dans le premier moment, un déplacement relatif plus ou moins considérable des différentes parties de la masse soulevée.

Il est aisé de voir que, lorsqu'une portion de la surface du globe se relève circulairement autour d'un point central, ses divers points n'acquièrent la liberté complète de mouvement dont il vient d'être question, qu'à mesure qu'ils atteignent le plan de la surface primitive, et que jusque-là ils sont forcés à un déplacement relatif qui nécessite dans toute la masse une sorte d'écrasement latéral. Les différens élémens qui, dans la position originaire, sont placés sur une circonférence dont l'axe de soulèvement traverse le centre, doivent rester sur une circonférence égale tant que le mouvement de charnière des différens secteurs tend à les rapprocher de l'axe; ils ne peuvent sortir de cette position que, lorsque ayant dépassé le plan horizontal de la surface primitive, le même mouvement de charnière tend à les écarter de l'axe. On déduit aisément de là que les fentes produites par le soulèvement n'ont pas la même largeur à toutes les hauteurs; qu'elles sont nulles dans le plan de la surface primitive, et prennent, à mesure qu'on s'élève au-dessus de cette surface, des largeurs de plus en plus grandes; si on considère l'ensemble des points qui, dans ce mouvement, occupent simultanément le plan de la surface primitive, et si en les suivant par la pensée dans leur mouvement, on leur applique le même calcul qu'à la surface primitive elle-même, on voit que sur chacun des cônes qui auraient même base et même axe que le cône extérieur et des hauteurs H', H'', H''', comprises entre o et la hauteur H du cône extérieur, la somme des interstices aurait pour expression approchée

$$\tfrac{1}{2}\pi\, H'^2, \ \tfrac{1}{2}\pi\, H''^2, \ \tfrac{1}{2}\pi\, H'''^2.$$

et pourrait être représentée aproximativement par la surface d'un demi-cercle dont le rayon serait H′, H″, H‴.

En basant uniquement le calcul sur la disposition dés parties extérieures, qui sont les seules qu'on puisse observer, on fait une chose rationnelle et conforme au véritable esprit de la géologie, qui est toujours de chercher à deviner le dessous par l'inspection du dessus, ce qui est invisible d'après ce qui se montre au jour. On peut faire des hypothèses diverses sur la structure physique de la partie de l'écorce solide de la terre qui est inaccessible à nos regards, et les anomalies observées dans la longueur des arcs terrestres et dans celle du pendule à secondes, montrent que ce ne seraient que des hypothèses compliquées qui présenteraient quelques chances de réalité. Des hypothèses que l'on ferait à cet égard, dépendraient celles qu'on pourrait admettre sur la manière dont cette écorce a pu être pénétrée, et dont sa pellicule extérieure a pu être brisée et soulevée par des matières venues de l'intérieur. Ici nous avons l'avantage de nous trouver en dehors de toutes ces hypothèses puisque les circonstances *observées* dans la pellicule extérieure peuvent directement se traduire en analyse.

La difficulté qu'on éprouve à rendre complétement raison des mouvemens relatifs qu'auront dû éprouver les parties de l'écorce terrestre situées à une profondeur un peu considérable au-dessous de la pellicule extérieure dans laquelle on reconnaît les preuves d'un soulèvement, pourrait cependant, au premier abord, paraître à quelques personnes un motif pour révoquer en doute la validité de ces preuves. Mais,

2

pour ne pas sortir des terrains volcaniques, nous nous bornerons à opposer à cette objection un fait qui s'observe très-souvent dans les éruptions. Tout le monde sait que les laves ne coulent pas toujours par le cratère du volcan, que souvent elles s'épanchent par ses ouvertures latérales ; que souvent, dans une même éruption, ces ouvertures latérales sont en grand nombre, et que, dans une éruption latérale du Vésuve, il s'en est ouvert jusqu'à quinze dans le même moment ; que dans le cas où il s'ouvre ainsi plusieurs bouches latérales, elles sont en général rangées à peu près sur une même arête du cône volcanique, ce qui indique qu'elles sont comprises dans le plan d'une fissure dont le prolongement passe par le foyer volcanique même. Toutes les fois qu'on a pu étudier la structure d'un cône qui a eu une longue série d'éruptions, on l'a trouvé traversé par un grand nombre de filons produits par des laves qui ont rempli de pareilles fissures, dont l'épaisseur des filons montre qu'elle a été l'ouverture. Cette épaisseur est souvent de plusieurs mètres. Or, il est évident que ces fissures, avec écartement sensible des parois, n'ont pu se produire sans que tout le terrain qu'elles traversent ait été soulevé d'une quantité correspondante à leur largeur. Il est donc *de fait* que les foyers volcaniques, lors même qu'ils sont munis de cratères et de cheminées, qui leur servent pour ainsi dire de soupapes de sûreté, ont une énergie suffisante pour soulever d'une quantité notable toute la surface du sol qui les recouvre ; ainsi on ne serait pas fondé à nier la possibilité du soulèvement d'une masse de matières volcaniques. Le phénomène dont je viens de parler ne diffère absolument que par sa grandeur de la production des cônes de soulèvement, à la forme desquels s'appliquait le calcul précédent, et une fois qu'il est prouvé que le soulèvement est possible en lui-même, et qu'il ne s'agit plus que d'en reconnaître l'existence locale et la quantité, les données qui résultent de la comparaison de la position actuelle et de la position originaire des nappes de matières volcaniques, ne sauraient être regardées comme insuffisantes.

On peut encore remarquer que les considérations auxquelles nous conduisent le calcul reposent sur des bases assez larges et comparables à des faits observables assez en grand, pour ne pas être considérablement affectées par un léger défaut de régularité de la surface primitive. On ne serait donc pas fondé à objecter que les basaltes fondus étant un liquide visqueux, ont pu ne pas toujours prendre une surface aussi exactement horizontale que celle d'une nappe d'eau en repos. Les légères erreurs que cette cause peut produire ne sont que d'un ordre bien inférieur aux conséquences qui se déduisent de la forme générale de la formule précédente et des formules que nous allons encore obtenir (1).

Jusqu'ici nous n'avons cherché à évaluer que la somme totale des surfaces des interstices produits par écartement; mais quelques considérations importantes se déduisent aussi de leur mode de répartition sur la surface soulevée. Nous allons en conséquence chercher la valeur approchée de la somme des largeurs des interstices que présenteraient, à une distance donnée du centre de soulèvement, les fractures de déchirement.

---

(1) Voyez la Note additionnelle à la fin du Mémoire.

Désignons toujours par R le rayon du cercle sur lequel s'est étendu le soulèvement, par H la hauteur à laquelle le prolongement des nappes basaltiques soulevées rencontrerait la verticale élevée au centre de ce cercle; appelons r la distance de cette même verticale à laquelle on considère les fractures de déchirement, et Σf la somme totale des interstices d'une largeur quelconque qu'un observateur aurait à enjamber s'il parcourait sur la surface du cône de soulèvement la circonférence dont tous les points sont situés à la distance r de l'axe central; soit enfin θ l'angle que forment avec l'horizon les arêtes du cône que l'on substitue par la pensée à la pyramide formée par les nappes basaltiques soulevées. Les points qui, après le soulèvement, seraient répartis à la surface de ce cône sur une circonférence dont le rayon serait r, devaient avant le soulèvement occuper sur la surface plane primitive la circonférence d'un cercle plus petit, dont nous désignerons le rayon par ρ. Il est aisé de voir que l'on a (voyez la *fig.* 2, *Pl.*XI)

$$R - r = (R - \rho) \cos. \theta ;$$

d'où

$$\rho = R - \frac{R - r}{\cos. \theta} .$$

La somme cherchée Σf des largeurs des interstices à la distance r de l'axe de soulèvement, a évidemment pour mesure l'excès de la circonférence dont le rayon est r sur celle dont le rayon est ρ; elle a donc pour expression

$$\Sigma f = 2 \pi r - 2 \pi \rho ;$$

ou, en substituant pour ρ sa valeur, et réduisant

$$\Sigma f = 2\,\pi\,(\mathrm{R}-r)\,\frac{1-\cos.\,\theta}{\cos.\,\theta}\,,$$

Afin de déduire de cette valeur exacte une valeur approximative plus simple et plus commode, on peut observer que l'on a

$$\mathrm{R} = \cos.\,\theta\,\sqrt{\mathrm{R}^2+\mathrm{H}^2},$$

$$\cos.\,\theta = \frac{\mathrm{R}}{\sqrt{\mathrm{R}^2+\mathrm{H}^2}}\,;$$

ce qui donne, en substituant et réduisant,

$$\Sigma f = 2\,\pi\,(\mathrm{R}-r)\left(\sqrt{1+\frac{\mathrm{H}^2}{\mathrm{R}^2}}-1\right);$$

ou, en développant le radical et supprimant l'unité qui se trouve en plus et en moins,

$$\Sigma f = 2\,\pi\,(\mathrm{R}-r)\left(\frac{1}{2}\frac{\mathrm{H}^2}{\mathrm{R}^2}-\frac{1}{8}\frac{\mathrm{H}^4}{\mathrm{R}^4}+\frac{1}{16}\frac{\mathrm{H}^6}{\mathrm{R}^6}-\frac{5}{128}\frac{\mathrm{H}^8}{\mathrm{R}^8}+\cdots\right).$$

Si dans cette expression on néglige les puissances supérieures de $\frac{\mathrm{H}^2}{\mathrm{R}^2}$ ce qui est permis d'après les motifs précédemment indiqués, elle se réduit à

$$\Sigma f = \pi\,(\mathrm{R}-r)\frac{\mathrm{H}^2}{\mathrm{R}^2} \qquad (2).$$

On peut laisser cette expression sous cette forme, ou y remplacer $\frac{\mathrm{H}}{\mathrm{R}}$ par sa valeur tang. θ, ce qui donne

$$\Sigma f = \pi\,(\mathrm{R}-r)\,\mathrm{tang.}^2\,\theta \qquad (3).$$

Tang. θ, n'est autre chose que le rapport de la distance verticale à la distance horizontale de deux points d'une même arête du cône.

Cette valeur approchée de Σf est facile à discuter.

On voit d'abord que si on fait varier r depuis o

jusqu'à R, de manière à faire parcourir au cercle qu'on considère toute la surface du cône, la valeur de Σf diminuera à mesure que r augmentera de manière à être nulle quand $r = $ R. En effet, toutes les fractures doivent se terminer à la limite de l'espace soulevé. La somme des fractures augmente donc de la circonférence vers le centre, et comme en même temps les circonférences sur lesquelles elles sont réparties diminuent, on voit qu'à mesure qu'on approche du sommet du cône ses flancs sont plus fendillés, et par conséquent plus destructibles.

Pour prévoir les changemens que subiraient les fractures dans le cas où la hauteur du cône de soulèvement restant la même, on lui supposerait successivement des largeurs diverses, il suffit de différencier l'expression (2) par rapport à R, on trouve ainsi :

$$\frac{d\Sigma f}{dR} = \pi \frac{H^2}{R^2} - 2\pi (R - r) \frac{H^2}{R^3} = \pi \frac{H^2}{R^3} (2r - R).$$

Cette expression sera positive si on a $r > \dfrac{R}{2}$; et négative dans le cas contraire ; ce qui signifie que, si on suppose que la base du cône augmente d'une petite quantité, la somme des fractures augmentera dans les parties les plus voisines de la circonférence, et diminuera dans les parties les plus voisines du centre. De là on déduit aisément qu'à hauteur égale, plus un cône de soulèvement sera large, moins il sera déchiré vers son centre, plus il sera étroit et rapide plus il sera déchiré à son centre; et par suite que, si un cône de soulèvement est inégalement rapide de différens côtés, les parties les plus rapides seront les plus déchirées et les plus destructibles, conclusion à laquelle nous étions déjà arrivés par une voie différente.

On voit en outre, en reprenant la valeur approchée de Σf, que si l'on considère plusieurs cônes de même base et de hauteur différente, et si on cherche la somme des fractures qu'ils présentent à une distance donnée de l'axe, cette somme sera proportionnelle à H^2 carré de la hauteur. Il ne pouvait en effet en être autrement puisque la somme totale des surfaces des interstices est elle-même, ainsi qu'on l'a vu plus haut, proportionnelle à H^2.

Si l'on veut avoir le rapport des vides produits à une distance r de l'axe par les fissures de déchirement au développement total d'un cercle tracé sur la surface extérieure du cône, à cette même distance de l'axe, il suffit de diviser Σf par $2\pi r$, ce qui donne pour l'expression du rapport cherché

$$\frac{\Sigma f}{2\pi r} = \frac{\pi (R - r) \tan^2 \theta}{2\pi r}.$$

Pour que ce rapport s'applique à la circonférence située à égale distance de la base et du sommet du cône, il faut dans l'expression précédente faire $r = \frac{1}{2} R$, ce qui la réduit à

$$\frac{\Sigma f}{2\pi \frac{R}{2}} = \frac{1}{2} \tan^2 \theta. \qquad (4).$$

Cette dernière formule donne un nouveau terme de comparaison entre différens cônes de soulèvement.

Un cône tel que nous le supposons formé ne peut présenter de sommet complet. Si la surface soulevée se divisait en un très-grand nom-

bre de secteurs, auquel cas la pyramide soulevée se confondrait sensiblement avec le cône
que nous lui avons substitué par la pensée, les
pointes de tous ces secteurs se placeraient autour du sommet mathématique du cône sur la
circonférence d'un cercle dont le rayon K aurait
pour expression

$$K = R - R\cos.\theta = R\,(1 - \cos.\theta)\,;$$

ou bien

$$K = R\left(1 - \frac{R}{\sqrt{R^2 + H^2}}\right) = R\left(1 - \frac{1}{\sqrt{1 + \frac{H^2}{R^2}}}\right)$$

$$= R\left(1 - \left(1 + \frac{H^2}{R^2}\right)^{-\frac{1}{2}}\right),$$

expression qui, en négligeant les puissances supérieures de $\frac{H^2}{R^2}$, se réduit à

$$K = \frac{H^2}{2R}.$$

Cette valeur, approchée du rayon K de l'espace
complétement vide que présenterait l'axe de soulèvement, n'est qu'une limite inférieure entièrement idéale, car les arêtes extrêmement minces
qui seraient placées le long de la circonférence
dont nous venons de calculer le rayon, ne pourraient manquer de s'écrouler et de donner naissance à un vide beaucoup plus large.

On ne peut guères admettre que la masse soulevée se soutienne, à moins que la somme des
parties pleines réparties sur une même circonférence ne soit au moins double de la somme des
vides. La distance r, de l'axe à laquelle cette condi-

tion est remplie , est donnée approximativement par l'équation

$$\Sigma f = \tfrac{1}{3} \, 2 \, \pi \, r_2$$

$$\tfrac{2}{3} \, \pi \, r_2 = \pi \, (\, \mathrm{R} - r_2) \, \mathrm{tang.}^2 \, \theta \, ,$$

$$(\tfrac{2}{3} + \mathrm{tang.}^2 \, \theta) \, r_2 = \mathrm{R} \, \mathrm{tang.}^2 \, \theta,$$

$$r_2 = \mathrm{R} \, \frac{\mathrm{tang.}^2 \, \theta}{\tfrac{2}{3} + \mathrm{tang.}^2 \, \theta} \, .$$

Tel est donc le rayon de la base supérieure de l'espèce d'entonnoir renversé qui, dans cette première hypothèse, aurait dû se former par écroulement autour de la cime mathématique du cône.

Si on suppose que l'écroulement se soit propagé de toutes parts jusqu'au point où la somme des vides n'est que le quart de la somme des pleins, on aura pour le rayon r de l'entonnoir d'éboulement

$$r_4 = \mathrm{R} \, \frac{\mathrm{tang.}^2 \, \theta}{\tfrac{2}{5} + \mathrm{tang.}^2 \, \theta} \, .$$

Si l'éboulement va jusqu'au point où la somme des vides est $\frac{1}{10}$ de la somme des pleins, on aura pour le rayon r_{10} de l'entonnoir d'éboulement,

$$r_{10} = \mathrm{R} \, \frac{\mathrm{tang.}^2 \, \theta}{\tfrac{2}{11} + \mathrm{tang.}^2 \, \theta} \, .$$

En général, si l'éboulement se propage jusqu'au point où la somme des vides est $\frac{1}{n}$ de la somme des pleins on aura, pour déterminer le rayon r_n de l'entonnoir, formé l'équation

$$\Sigma f = \frac{1}{n+1} \, 2 \, \pi \, r_n \, ;$$

d'où l'on tire, en substituant à Σf sa valeur approchée donnée par la formule (3),

$$r_n = \frac{R \, \text{tang.}^2 \, \theta}{\dfrac{2}{n+1} + \text{tang.}^2 \, \theta} \cdot$$

On peut se demander quelle serait la courbe méridienne de l'entonnoir qui se produirait dans le cas où toutes les parties dans lesquelles le vide est plus de $\dfrac{1}{n}$ du plein seraient démolies et enlevées. On trouve aisément, au moyen de la formule (2), que cette courbe serait une ellipse ayant pour axe le rayon R de la base du cône, et pour équation, rapportée au milieu de ce rayon

$$\frac{n+1}{2} y^2 + x^2 = \frac{R^2}{4} \cdot$$

Mais on ne doit pas oublier que cette équation, déduite d'une expression approchée, n'est elle-même sensiblement exacte que près du centre de soulèvement; elle suffit cependant pour montrer que le vide produit dans l'hypothèse ci-dessus, aurait une forme analogue à celle de l'ombilic d'une coquille turbinée, dont la pointe correspondrait exactement au centre de la surface soulevée dans sa position primitive. Le fond de cette cavité serait le point de départ de celles des fractures de déchirement qui seraient prolongées d'un seul jet aussi bas que le comporte la nature du phénomène qui leur a donné naissance. Le fond de ces vallées dont les flancs primitifs ont pour section un arc de parabole et celui de la cavité centrale devraient naturellement avoir été élargis par le passage des eaux torrentielles.

Les formes ainsi produites auraient évidement une grande ressemblance avec celles d'un grand nombre de ces cavités circulaires déchirées qu'on a nommées vallées d'élévation ou cratères de soulèvement; cependant elle ne répondrait pas complétement à la disposition de quelques-unes de ces dernières.

Des cirques profonds à parois verticales comme ceux de Palma et de Santorin, doivent, comme l'a indiqué M. de Buch, résulter de quelque phénomène plus considérable que la simple démolition des parties trop peu soutenues. On peut se dispenser de faire aucune hypothèse sur la nature de ce phénomène, et se contenter d'une analogie qui se présente d'elle-même. On sait que dans les régions volcaniques, indépendamment des cratères d'éruption, il existe des cavités circulaires creusées dans des roches de diverses natures, même dans des schistes et des grauwackes. On leur a donné le nom de cratères lacs; le lac Paven et le lac de Laach en sont des exemples bien connus. Ici la croûte du globe a été seulement percée sans être en même temps soulevée d'une manière sensible, et cette circonstance est ce qui distingue principalement ces cratères lacs des cratères de soulèvement proprement dits. Soit que ces cratères lacs se soient formés par explosion ou par écroulement, aucuns points de la croûte terrestre n'auraient dû être plus sujets à voir se former des cirques de ce genre que ceux où un relèvement circulaire indique que cette croûte a cédé à une action du dedans au dehors. Celles de ces cavités circulaires dont l'origine serait la plus difficile à con-

cevoir, seraient peut-être celles où on ne verrait
rien qui indique que le sol dans lequel elles sont
entaillées, ait cédé dans son ensemble d'une manière sensible à une force agissant de bas en haut.

Ce n'est, au reste, que pour mieux faire saisir
notre pensée que nous avons mis pour un moment
le lac de Laach en opposition avec des cratères de
soulèvement complétement caractérisés; mais il
paraît qu'il ne s'en distingue pas d'une manière
tranchée, quoique excavé dans le terrain de schistes
et de grauwackes. M. le docteur Hibbert, dans son
intéressant ouvrage sur les volcans de Neuwied, indique en effet dans l'Eiffel l'existence de lignes de fractures divergentes qui semblent partir du lac Laach
comme d'un centre, et qu'il regarde comme contemporaines de sa formation. Or, si le lac de
Laach est un cratère de soulèvement, qui pourra
refuser ce titre aux calderas de Palma, de Ténériffe, de Santorin.

Un cratère lac formé dans l'axe d'une pyramide de soulèvement, soit que la cause première
de son origine soit elle-même la cause ou l'effet du
soulèvement circulaire, ne différera en rien d'un
cratère de soulèvement, tels que ceux de Palma
ou de Santorin, et les formules précédentes s'ap-
pliqueront directement à la surface conique des
pentes extérieures de ses parois.

Dans le cas où le point vers lequel se relèvent
les secteurs désunis de la surface primitive est occupé par une masse d'une roche dont la nature
annonce qu'elle est arrivée au jour par voie de
soulèvement, la disparition des pointes des secteurs s'explique d'elle-même. L'action directe de
la masse soulevante sur ces pointes a dû le plus
souvent les ébranler au point de les mettre dans

le cas de s'écrouler jusqu'à une certaine distance, et de faire naître autour d'elle, par leur disparition, une cavité annulaire à la largeur de laquelle il serait difficile d'assigner *a priori* aucune limite.

Quelques applications numériques achèveront d'éclaircir ce qui précède; mais avant de faire ces applications nous devons encore présenter quelques remarques.

1°. Indépendamment de ce que nous avons substitué à une pyramide plus ou moins irrégulière le cône qui en est la limite, et de ce que nous avons négligé des termes peu importans pour réduire les formules à des formes simples, il y a encore un motif qui fait que tous nos résultats ne peuvent être considérés que comme de simples approximations, c'est que le plus souvent les nappes basaltiques ou trachytiques qui se relèvent vers un point central au lieu de présenter une pente uniforme, présentent une pente d'autant plus grande qu'on approche plus du centre de soulèvement, de sorte que leur profil ressemble à celui d'une chaînette dont le point d'attache serait placé dans l'axe de soulèvement. La première chose à déterminer dans chaque cas particulier, est le rayon R de la base du cône que nous substituons par la pensée à la surface réelle et plus compliquée de la montagne soulevée. Dans la plupart des cas cette détermination conserve quelque chose d'arbitraire, à cause de la courbure concave que présente le plus souvent, ainsi que nous venons de le dire, une section méridienne de la montagne, courbure qui finit par la rendre presque horizontale, et la faire se confondre sensiblement avec la surface générale du sol de la contrée. Il faut évidemment, lorsque cette circonstance se présente, prendre pour R une longueur un peu plus petite que la distance de l'axe de soulèvement, au bord de l'espace plus ou moins soulevé et déchiré. S'il s'agit de cônes de soulèvement formant des îles, on ne commettra pas une grande erreur en prenant pour la valeur de R la distance de l'axe de soulèvement à la mer, du côté où la surface soulevée est la plus régulière et la mieux dessinée. On pourra aussi déterminer tang. θ d'après la hauteur d'un des points les plus élevés de la surface soulevée et sa distance horizontale à la côte la plus voisine.

2°. Le nombre des fissures dont nous avons calculé la somme est indéterminé. Il peut avoir été pour ainsi dire infini, et par suite chaque fissure peut être imperceptible pour nos observations; de sorte qu'un cône entier, ou une portion considérable de cône de soulèvement peut ne présenter aucune déchirure sensible, surtout du côté où la pente est plus longue et plus douce, si toutes les pentes ne sont pas égales. Cela est d'autant plus possible que des fractures même d'un diamètre appréciable, produites dans les différentes assises, peuvent ne pas s'être placées exactement les unes au-dessous des autres.

3°. D'un autre côté, toutes les déchirures qui auront présenté dès l'origine une grandeur appréciable et qui se seront prolongées un peu profondément dans la masse du cône soulevé, auront donné lieu à des éboulemens et ouvert l'accès à l'action destructive des agens atmosphériques, de sorte qu'elles auront pu acquérir, surtout vers le haut, une largeur infiniment supérieure à la portion qui revient à chacune d'elles dans la valeur que nous avons trouvée pour leur somme totale. Il aura dû être très-rare que les eaux pluviales qui tombent dans la cavité centrale ne trouvent pas au moins une déchirure ou une série continue de fissures, propre à être agrandie par leur filtration, de manière à donner lieu à une vallée qui coupe complétement le cône soulevé. Aussi voit-on dans, presque tous les cônes de soulèvement une ou plusieurs vallées de ce genre.

Faisons maintenant quelques applications numériques des formules précédemment obtenues.

Pour l'île de Palma, on aura les élémens suivans : $R =$ la distance du centre de la Caldera à la mer $= \frac{1^o}{10} = 11,111^m$. Rayon du cercle sur lequel se trouvent les pics de los Muchachos, della Cruz, del Cedro et les autres cimes qui entourent la Caldera$= 3,333^m$. Distance du pic de los Muchachos à la mer, $7,778^m$. La hauteur du pic de los Muchachos étant de $2,326^m$., on aura tang. $\theta = \frac{2326}{7778} = 0,299$. Si l'on susbtitue ces valeurs dans la formule (3), et qu'on y fasse $r = 3,333$, distance du pic de los Muchacos, au centre de la Caldera , on aura :

$$\Sigma f = \pi \, (7778) \, (0,299)^2 = 2184^m.$$

La circonférence du cercle sur lequel se trouvent les pics de los Machachos, della Cruz, del Cedro, etc., ayant un développement $20,950^m$, la somme des fractures, telle que nous venons de la déterminer, en formerait à peu près le dixième. Ainsi la crête circulaire de la Caldera , et la partie adjacente de la surface supérieure du cône soulevé ont dû être extrêmement crevassées, ce qui est parfaitement d'accord avec l'idée qu'en donne M. de Buch. La

somme calculée comprend à la fois les fendillemens, les largeurs de ceux des filons basaltiques
qui auront pu être injectés au moment du soulèvement, et les largeurs originaires, tant de la
grande fente qui se dirige vers Tazacorte, que des
nombreux ravins de fractures ou *barancos* qui découpent les flancs du cône suivant ses arêtes, et
qui se trouvent plus nombreux sur la partie du
cône la plus courte et la plus rapide, comme la
formule (1) nous a indiqué à l'avance que cela devait être. Il faut remarquer que la somme de fractures que nous venons de trouver correspond à la
hauteur de la cime de los Muchachos. Pour une hauteur moitié moindre qui correspondrait, à peu près
au milieu des escarpemens de la Caldera, cette
somme, calculée pour la même distance de l'axe
central, serait réduite au quart, puisque dans la
formule (2) $\Sigma f = \pi (R - r) \dfrac{H^2}{R^2}$, il faudrait mettre $\frac{1}{2} H$ à la place de H, ce qui donnerait
$\frac{1}{4} \pi (R - r) \dfrac{H^2}{R^2} = 546^m$. Ainsi, à cette hauteur, la
somme des fractures produites par le soulèvement,
y compris même celles que l'injection des filons
basaltiques a pu remplir, ne serait qu'environ
$\frac{1}{40}$ du développement du cirque, ce qui est parfaitement compatible avec l'apparence de continuité que présentent les escarpemens. Il suffit au
reste de lire M. de Buch, et de regarder sa carte,
pour voir à quoi se réduit cette apparence de continuité.

Si de Palma nous passons à Ténériffe, nous aurons : distance du pic à la mer du côté de la Punta
Roxa, ou du S. E. $= R = 36,555^m$, distance
de los Adulejos à la mer du côté de la Punta Roxa,

24,074^m. Rapport de la hauteur de los Adulejos à leur distance à la mer, du côté de la Punta Roxa :

$$\frac{2865^m}{24074^m} = 0,119 = \text{tang. } \theta.$$

Le rayon moyen du cirque, depuis la montagne de Tygayga jusqu'à los Adulejos, est de 6,481^m. D'après ces données, on tire de la formule (3) :

$$\Sigma f = \pi\,(24074)\,(0,119)^2\,, = 1071^m.$$

Comme il ne subsiste qu'environ la moitié du cirque depuis la montagne de Tigayga jusqu'à la pointe de Roque-Chabao, il faut prendre la moitié du résultat précédent, ou 535^m. pour avoir la somme des largeurs originaires des fractures et des fendillemens dont la crête de cette partie du cirque a dû se trouver traversée immédiatement après son soulèvement, somme dans laquelle se trouvent comprises les largeurs de ceux des filons trachytiques mentionnés par M. de Buch, qui auront pu être injectés au moment du soulèvement. Cette demi-crête circulaire présente en effet bien des traces de déchirement, puisqu'on y observe les défilés appelés *el Portillo*, *Passo de Guaxara*, *Boca de Tauze*, et plusieurs autres, que M. de Buch a indiqués sur sa carte sans leur donner de noms, et qui forment le point de départ de ces ravins de fracture, ou *barancos*, qui déchirent le pied du cône du côté du sud et du S.-E. Il faut remarquer que la somme que nous avons trouvée se rapporte à un contour idéal tracé à la hauteur de la cime de los Adulejos. Si on voulait avoir la somme des fractures sur un contour semblable tracé à la hauteur, non de la

3

cime, mais de la base des escarpemens de los
Adulejos, ou de la haute vallée d'Angostura, il faudrait, dans la formule (2), réduire H dans le rapport
de 9 à 6 ½, ce qui donnerait pour la nouvelle somme
cherchée :

$$\frac{169}{324} \times 535 = 282^{m}.$$

Comme le développement d'un demi-cercle
ayant pour rayon la distance de los Adulejos au
pic, serait de 20,000^{m}, on voit que la somme des
fendillemens et des fractures, dans leur largeur originaire, en y comprenant même celles des fractures qui ont pu être remplies par des filons tra-
chytiques, n'est que $\frac{282}{20000}$ ou environ $\frac{1}{70}$ seulement
du développement. Il n'est donc pas étonnant
que ce bel escarpement, malgré les fractures qui,
agrandies par les éboulemens et les dégradations
atmosphériques y ont produit des défilés, présente
dans son ensemble cette continuité remarquable
que M. de Buch a si bien exprimée sur sa carte
de Ténériffe.

Les calculs précédens ne s'appliquent qu'à la
partie S.-E. du cratère de soulèvement de Ténériffe. La partie N.-O. paraît avoir présenté une
pente beaucoup plus courte et plus rapide ; elle
doit donc, d'après la discussion de la formule (1),
avoir été plus destructible, aussi a-t-elle disparu.

D'après les valeurs de R et de tang. θ, que nous
avons trouvées pour Palma et pour Ténériffe, il
est facile de calculer pour ces deux îles la valeur
de H, puisqu'on a en général :

$$H = R \text{ tang. } \theta;$$

et on trouve pour Palma :

$$H = 11,111^{m}. \times 0,299 = 3322^{m},$$

et pour Ténériffe :

$$H = 30,555 \times 0,119 = 3636^m.$$

Ces deux valeurs sont presque égales. Par conséquent, la formule (1) donnera presque la même valeur pour la somme des surfaces des interstices que le soulèvement aura produits, tant sur Palma que sur Ténériffe; et comme à Palma ces interstices sont distribués sur une surface plus de sept fois plus petite qu'à Ténériffe, ils doivent produire sur Palma un effet bien plus sensible que sur Ténériffe. C'est en effet ce qui résulte évidemment des descriptions de M. de Buch, et particulièrement de la peinture vive et animée qu'il a donnée de ces ravins de déchirement, ou *barancos*, qui découpent la partie extérieure du cône de Palma, et qui ne s'observent presque pas sur le reste de la surface de la même île. (Voyez *Physikaliche Beschreibung der canarischen inseln*, p. 294.)

L'île de Santorin présentant une surface conique beaucoup plus surbaissée encore que celle de Ténériffe, elle doit aussi être beaucoup moins déchirée. C'est ce que le calcul va nous montrer, et ce que l'observation confirme complétement.

En effet, en faisant sur Santorin le même genre de mesures que sur Palma et Ténériffe, on trouve :

$$R = 9745^m.$$
$$R - r = 5847^m.$$
$$\tang. \theta = 0,042.$$

Ce qui donne :

$$\Sigma f = \pi \, (5847^m.) \, (0,042)^2 = 32^m.$$

L'escarpement de l'île même de Santorin n'embrassant guères que les $\frac{3}{5}$ de la circonférence, la partie de Σf, qui se rapporte à cet escarpement, se réduit à

$$\tfrac{3}{5}\,32^m. = 19^m.$$

Telle serait la somme des fractures et des fendillemens qui devraient se trouver répartis sur tout le développement de l'escarpement de Santorin, qui est, abstraction faite des sinuosités, de plus de 14,000 mètres : la somme des fractures et fendillemens ne serait donc pas de $\frac{1}{700}$ du développement. Ce résultat approximatif est probablement trop petit, parce qu'ici, comme à Palma et à Ténériffe, je n'ai tenu compte que de la partie de l'île qui est au-dessus de la mer, et que cette partie étant ici peu élevée, on commet une erreur sensible en négligeant la partie submergée. Mais, quelle que soit la portée de cette erreur, le résultat d'un calcul basé sur les données plus complètes, que renfermera l'ouvrage publié par suite de l'expédition scientifique de Morée, serait encore fort petit. En admettant qu'il fût double ou de 38^m, on voit qu'il n'indiquerait pas qu'on dût trouver sur la surface de Santorin ces nombreux vallons de fractures ou *barancos*, si remarquables à Palma et même à Ténériffe. Il est probable que la petite somme de fractures indiquée par le calcul, n'a dû donner lieu qu'à des fendillemens ou à des fissures d'une très-petite ouverture. Par là se trouve écartée la principale des objections élevées par M. Virlet, contre l'idée qu'a eue M. de Buch de regarder Santorin, Thérésia et Aspronisi comme les restes d'un cratère de soulèvement. Quant à l'objection que M. Virlet déduit des cavités bulbeuses très-allongées de quelques-unes des masses trachytiques de l'escarpement de Santorin, elle n'a aucun fondement, puisque par cela seul qu'une masse trachytique est très-plate, il est évident qu'elle s'est étendue sur le sol préexistant, et qu'en s'étendant ainsi, ses cavités bulbeuses ont dû s'allonger comme le feraient les cellules d'une matière poreuse qu'on ferait passer au laminoir. Rien ne prouve qu'elles aient coulé sur une pente inclinée dans le sens de la pente qu'elles présentent aujourd'hui.

D'après les observations de M. Hoffmann, publiées récemment dans le journal de Pogendorf, T. 26, le cône extérieur de Stromboli, que cet habile géologue considérait alors comme un cratère de soulèvement, mais sur lequel il paraît avoir adopté depuis lors une autre opinion, serait, pour ainsi dire, l'extrême opposé à celui de Santorin. L'angle d'inclinaison θ des assises de trachytes et de conglomérats s'y trouve compris entre 25 et 30° : on peut le supposer égal à la moyenne ou à 28° $\frac{1}{2}$, ce qui donne tang. $\theta =$ 0,543. La formule (3) devient alors

$$\Sigma f = \pi \, (R - r) \, (0,543)^2 ;$$

ce qui suffit pour montrer que les parois du cône de soulèvement doivent être ici beaucoup plus déchirées que dans les autres cas que nous avons considérés, ce que semble indiquer aussi la figure publiée par M. Hoffmann.

Si on compare entre eux au moyen de la formule (4) les quatre cônes de Stromboli, Palma, Ténériffe et Santorin, et les cônes du Cantal et du Mont-Dore, dont nous donnerons plus loin les élémens numériques, on trouve que le rapport de la somme des interstices dus à l'écartement mesurés à égale distance de la base et du

sommet au développement total de la circonférence que présente le cône à cette même hauteur,
est pour ces six cônes, savoir :

pour Stromboli $\frac{1}{2} (0,543)^2 = 0,14730.$
     Palma . . $\frac{1}{2} (0,299)^2 = 0,04470.$
    Mont-Dore. $\frac{1}{2} (0,142)^2 = 0,01012.$
    Ténériffe . $\frac{1}{2} (0,119)^2 = 0,00708.$
    Cantal . . $\frac{1}{2} (0,065)^2 = 0,00219.$
    Santorin . $\frac{1}{2} (0,042)^2 = 0,00085.$

On voit par le rapprochement de ces nombres
un exemple bien frappant de la différence que
présentent les parois des cratères de soulèvement,
suivant qu'elles appartiennent à des cônes plus
ou moins surbaissés, et de l'inégale facilité avec
laquelle elles doivent se trouver susceptibles d'être
démantelées par les agens atmosphériques, en
supposant même que les matières qui les composent soient également résistantes.

Nous renvoyons aux parties subséquentes
de ce mémoire l'application de nos formules
aux cônes de soulèvement que présentent le
Cantal et le Mont-Dore; mais nous demandons
la permission de faire remarquer dès à présent
que les applications qui précèdent paraissent déjà
montrer un *parallélisme* assez satisfaisant entre la
marche des formules qui sont le développement
analytique de l'hypothèse de M. de Buch, sur les
cratères de soulèvement, et celle des observations
dont ils ont été l'objet ; or cet accord, lorsqu'il est
suffisamment vérifié, est la seule démonstration
qu'on puisse donner de l'exactitude d'une hypothèse de ce genre. Nous n'avons d'autre témoignage de l'exactitude du principe de la gravita-
tion universelle lui-même, que l'accord complet

de son développement mathématique avec les observations astronomiques. Il se passera probablement bien du temps avant que nous ayons un témoignage aussi positif de la vérité d'aucune hypothèse géologique, tant à cause de la nature compliquée des faits dont la géologie s'occupe, que par suite du peu de précision avec lequel on les a presque toujours observés; on voit cependant que le développement mathématique de l'idée de M. de Buch sur les cratères de soulèvement, présente avec les faits connus un accord assez remarquable. Sa comparaison avec de nouvelles observations pourra nous en apprendre davantage.

Avant de terminer cette introduction, et de passer à l'exposition de nos observations sur les groupes du Cantal et du Mont-Dore, il ne nous reste qu'à présenter quelques remarques sur les divers épanchemens de matières volcaniques dont le sol de l'Auvergne a été le théâtre.

Le *Cantal* et les *Monts Dore* forment deux groupes qui se distinguent des montagnes qui les entourent par leur élévation et surtout par la disposition générale de leurs différentes parties; à la première inspection, la forme aiguë de leurs pics, la longueur de leurs crêtes, la perpendicularité de leurs escarpemens, et la profondeur des vallées qui prennent naissance vers leur centre, ne rappellent en aucune manière l'idée des phénomènes volcaniques, du moins telle que la nature nous les offre actuellement; on n'y voit plus ces cratères nombreux que présentent les volcans éteints des environs de Clermont, et on n'y retrouve que morcelées et inclinées ces nappes continues de basalte qui, par leur étendue et leur horizontalité, annoncent une matière

sortie des entrailles de la terre encore plus fluide
que les laves, et refroidie tranquillement comme
un étang qui se congèle. L'association du Mont-
Dore et du Cantal aux terrains volcaniques repose
donc sur d'autres idées que la simple comparaison
des formes extérieures; elle a été motivée par
une réunion d'observations, desquelles il résulte
que les roches qui composent ces montagnes,
ont été produites par des phénomènes ignés,
et qu'elles sont arrivées au jour à une époque peu
ancienne. Sous ce rapport, les roches dont il s'a-
git établissent une chaîne continue entre les terrains volcaniques modernes épanchés le plus souvent sous forme de simples coulées, et les roches
dites trappéennes ou plutoniques, injectées à diverses époques dans les parties extérieures de l'é-
corce terrestre, et soulevées plus tard en masses
diversement tourmentées et dentelées.

La différence qui existe entre ces trois sortes
de masses volcaniques, que l'on désigne en général
sous le nom de *Volcans à cratères*, de *Basaltes*
et de *Trachytes*, consiste bien plus dans la nature
des phénomènes qui ont marqué leur apparition
au jour que dans leur âge relatif et dans la nature des roches qui entrent dans leur composition. Il est bien vrai que, dans l'Auvergne
proprement dite, les trachytes sont plus anciens
que les basaltes et que ceux-ci paraissent s'être
répandus à la surface du sol à une époque anté-
rieure aux éruptions volcaniques proprement
dites; mais déjà dans le Vivarais cet ordre n'est
plus aussi certain, et dans les îles Canaries il paraît
que les trachytes et les basaltes ont paru à des
époques successives et réitérées. A Santorin des
masses solides de trachyte s'élèvent encore sous nos

yeux. Quant à la nature des roches, leur groupe-
ment est généralement en rapport avec la triple
division que nous venons de signaler. Cependant les
terrains basaltiques présentent fréquemment des
laves scoriacées et poreuses, analogues du moins
extérieurement aux laves des volcans modernes;
parmi les nombreux échantillons de trachytes que
M. Beudant a rapportés de son voyage en Hongrie,
il en est plusieurs qui paraissent composés en partie
de pyroxène et ont la plus grande ressemblance avec
certains basaltes. Cette analogie entre les roches de
deux systèmes de masses volcaniques, et même le
retour que nous venons de rappeler entre les trachytes et les basaltes dans les îles Canaries, prouve
que la véritable distinction entre les différens or-
dres de masses volcaniques, résulte essentiellement des phénomènes généraux qui ont accom-
pagné leur apparition. Sous ce point de vue, il y
aurait peut-être quelque utilité à subdiviser les
trachytes en deux classes, suivant qu'ils sont arrivés au jour en masses assez solides pour conserver
comme à Méthana, aux Kaïmeni, au Chimborazo,
la forme de dômes, ou assez molles pour s'étendre, comme au Mont-Dore, en larges nappes.

Dans le Mont-Dore et le Cantal, outre les trachytes qui forment la base principale de ces montagnes et le basalte qui se trouve répandu avec
plus ou moins d'abondance sur leurs flancs, il
existe encore quelques cônes de phonolite autour
desquels les roches se relèvent de tous côtés; ces
phonolites nous paraissent former ici un quatrième
ordre de masses volcaniques. Il paraîtrait que
souvent, dans cette contrée, ces roches ne sont
pas arrivées au jour, et que leur présence est
seulement annoncée par des traces de soulève-

ment qui consistent en un relèvement convergent des couches vers un point central; dans quelques cas, les couches ont été rompues, et le point vers lequel elles se redressent est entouré d'une dépression qui présente des pentes escarpées intérieurement, de manière à former un véritable cratère de soulèvement. Le Cantal surtout nous offre un exemple remarquable de cette disposition.

II. GROUPE DU CANTAL.

Peu de groupes de montagnes présentent une forme aussi simple que le Cantal. (*Voy*. la carte, pl. X.)

Du Cantal.

C'est un cône surbaissé, évidé à son centre et découpé par des vallées à flancs escarpés qui rayonnent vers sa circonférence. S'il était entouré

Sa forme.

d'eau jusqu'à une certaine hauteur, il formerait un groupe d'îles fort analogue, par sa forme générale, à celui de Santorin, de Theresia et d'As-

Comparaison avec Santorin

pro-Nisi, dans l'Archipel de la Grèce. On verrait même, dans l'intérieur du vide central, des îlots détachés, représentant la petite et la nouvelle Kaïmeni; on pourrait encore ajouter, pour compléter la ressemblance, que les lambeaux de calcaire lacustre qui, d'après les observations de MM. Murchison et Lyell, et de l'un de nous, se trouvent enclavés vers sa base méridionale dans des matières d'éruption, forment, quoique sur une échelle moindre, un équivalent assez exact des masses de schiste argileux et de calcaire du grand Saint-Elie, et de quelques collines plus basses, entourées par les masses volcaniques sur la pente extérieure de Santorin.

Placé comme il se trouve à une grande hauteur au-dessus du niveau des mers, le cratère de soulèvement du Cantal a de nombreux traits de ressemblance avec celui dont fait partie le piton des neiges au centre de l'île de Bourbon, seulement le cratère de soulèvement de Bourbon, encore plus profondément déchiré que le Cantal, présente avec moins de netteté la forme générale d'un cône surbaissé (1).

Les masses qui, dans la comparaison que nous venons d'établir entre le Cantal et le groupe de Santorin, représentent la petite et la nouvelle Kaïmeni, ne sont pas formées, comme dans l'Archipel grec, de trachyte résinoïde, mais de phonolite tabulaire. Nous ignorons si ces masses de phonolite ont été soulevées, comme dans le cirque de Santorin, à une époque postérieure à celle où les lieux ont pris leur disposition générale actuelle, ou si leur apparition remonte au moment où le Cantal a pris le relief qu'il nous présente. Nous pencherions plutôt pour cette dernière opinion, qui nous semblerait plus en rapport avec les observations que nous avons à présenter.

Le Puy de Griou, formé de ce phonolite tégulaire, s'élève sur les pentes arrondies et gazonnées qui séparent les parties supérieures des vallées de Vic et de Mandailles. Il a la forme d'une pyramide, plus régulière que celle de la roche Sanadoire, qu'il rappelle en partie. Cette masse proéminente n'est pas complétement isolée. Le Puy de Griou, le rocher de l'Usclade, composé de même, mais moins élevé, et deux autres masses de phonolite moins élevées encore, sont

Masse phonolitique au point central.

(1) Voyez la carte de l'île de Bourbon, publiée par M. Borry de Saint-Vincent.

quatre points culminans d'une arête phonolitique formant les $\frac{3}{4}$ d'une circonférence, et présentant une ouverture tournée du côté des hameaux de Benex et de Raimont. Les pentes intérieures et extérieures de cette arête courbe sont couvertes de bois; son centre est occupé par une prairie très-unie, désignée dans le pays sous le nom de *Font du Vacher*; cette prairie, quoique peu étendue, est partagée, à cause de la bonté de son sol, entre plusieurs vacheries. Il y existe plusieurs sources dont les eaux s'écoulent par un sillon latéral qui passe entre le pied du rocher de l'Usclade et celui de la montagne d'En-Griou, et qui, à une petite distance de son origine, devient très-incliné. Il se réunit au torrent principal de la vallée de Mandailles, au-dessous des villages de Benex et de Raimont. Du haut du Puy de Griou le *Font du Vacher* fait, à la couleur près, l'effet d'un de ces lacs qui occupent de petits cratères. Du reste, cette cavité, en forme d'entonnoir irrégulièrement échancré, ne mérite sous aucun point de vue le titre de cratère.

Le Puy de Griou, quoique sensiblement moins élevé que le plomb du Cantal et le Puy-Marie, est plus favorablement placé que ceux-ci pour saisir la disposition générale du groupe du Cantal, lorsqu'on a pris par des courses antérieures une idée générale de la disposition de ses diverses parties.

On domine de cette cime les points où les vallées de Mandailles, de Vic, de Murat, de Dienne et du Falgoux prennent naissance, et l'on suit de loin leurs directions, qui divergent du centre du massif à la manière des rayons d'un cercle. La vue se repose sur les tranches presque perpendiculaires des assises successives de trachytes, de conglomérats et de basaltes, qui séparent ces mêmes vallées et forment de larges plateaux inclinés vers l'extérieur du groupe.

Tous ces escarpemens faisant face au Puy-de-Griou, un observateur placé à sa cime embrasse avec facilité leur ensemble, et peut juger de la régularité avec laquelle s'interstratifient les trachytes et les conglomérats. Leur aspect rappelle assez bien celui du cirque de Gavarnie dans les Pyrénées, et de tant d'autres escarpemens circulaires répandus dans le Jura et les Alpes.

Vues de ce point central, les assises de trachytes, de basaltes et de conglomérats paraissent horizontales, parce qu'elles se dessinent en effet par des lignes horizontales dans le grand escarpement circulaire; mais, en s'éloignant du centre, on reconnaît aisément qu'elles plongent de toutes parts vers l'extérieur sous des angles variables, qui vont, en quelques points, jusqu'à plus de 12°; ces angles ne deviennent nuls qu'à la circonférence du groupe, et ils ne sont jamais remplacés par une inclinaison inverse.

Inclinaisons des nappes trachytiques et basaltiques.

Ici la nature a réalisé d'elle-même la section cylindrique concentrique à l'axe de soulèvement que, dans notre introduction, nous proposons de faire comparativement dans les cônes volcaniques de soulèvement et d'éruption. La continuité des lignes qui se dessinent sur la surface des escarpemens qui font face au puy de Griou, nous a paru contraster fortement avec la discontinuité qui ne pourrait manquer d'exister dans une section semblable produite par l'écroulement de la partie centrale d'un cône d'éruption formé par la sur-addition graduelle d'un grand nombre de coulées étroites.

C'est l'ensemble de ces escarpemens qui forment, abstraction faite de l'ouverture des vallées, un cercle presque parfait dont le Puy de Griou occupe à peu près le centre, que nous croyons pouvoir considérer comme un cratère de soulèvement dont les vallées ci-dessus mentionnées constitueraient les crevasses de déchirement.

Le Cantal est un cratère de soulevement.

Outre la disposition circulaire des escarpemens et la convergence des vallées vers un centre commun, la forme des segmens qui séparent les vallées, ainsi que l'inclinaison des nappes trachytiques et basaltiques qui se relèvent circulairement comme un toit conique, viennent appuyer l'hypothèse que nous proposons.

Sur la carte jointe à notre Mémoire (Pl. X), nous avons indiqué par des flèches la pente des nappes trachytiques et basaltiques, de manière qu'il est facile de saisir le relèvement de ces nappes. Nous avons tâché de faire ressortir l'escarpement brusque que l'arête du cratère présente vers l'intérieur, la verticalité des parois des vallées que nous venons de citer, ainsi que la pente douce des plateaux vers l'extérieur; nous croyons néanmoins nécessaire de donner quelques détails pour bien faire apprécier ces dispositions importantes sur lesquelles reposent nos raisonnemens.

Le *plomb du Cantal*, point le plus élevé de tout le massif, appartient à la crête circulaire qui forme le bord du cratère; il en est de même des cimes qui dominent le col de Cabre, du *Puy-Marie* et du *Puy-Chavaroche*.

Escarpemens près du Puy-Marie.

Le Puy-Marie, qui sépare le haut de l'étroite vallée du Mars de celle de La Rue est après

le plomb la montagne la plus élevée du groupe
du Cantal; il est formé d'une succession d'assises de trachytes et de conglomérats trachytiques qui paraissent avoir fait continuité,
dans l'origine, avec celles qui forment la base
de la montagne qui lui fait face au nord, et qui
s'enfoncent sous les nappes basaltiques sur lesquelles s'étendent les pâturages situés entre les
vallées du Mars et de La Rue. Aujourd'hui il
en est séparé par une dépression par laquelle on
peut passer du haut de la vallée du Mars dans
le haut de la vallée de La Rue et qui isole le Puy-
Marie.

Le principal escarpement du Puy-Marie est du
côté du midi, il fait partie de la vaste enceinte
dont le Puy-de-Griou occupe le centre ; ce n'est
que du côté du nord que sa pente est uniformément gazonnée jusqu'en haut, et que sa cime
est d'un abord facile.

Le fond de la vallée du Mars ou du Falgoux, qui
forme la continuation de la pente nord-ouest du Puy-
Marie, est occupé par un bois de sapins qui s'étend
sur un sol sans rochers saillans, et qui s'élève aussi
en pente douce tant sur la pente septentrionale
de l'arête qui joint le pied du Puy-Chavaroche
à celui du Puy-Marie, que sur la base d'une masse
isolée de phonolite adossée à la base du Puy-Chavaroche, et qui est probablement cause que la
vallée du Falgoux ne se rattache pas aussi complétement à la dépression centrale que les autres
vallées divergentes.

La différence que nous venons d'indiquer
dans les deux pentes du Puy-Marie, est également
très-visible dans l'arête qui joint le pied du Puy-
de-Chavaroche à celui du Puy-Marie, et sépare

la vallée de Falgoux de celle de Mandailles.
Le revers méridional de cette arête est bien diffé-
rent de son revers septentrional. Au lieu d'une
pente uniforme couverte de bois, il présente une
série d'escarpemens en retraite les uns au-dessus
des autres, formés par les assises les plus solides
des trachytes et des conglomérats grossiers qui al-
ternent avec eux. La base même du Puy-Marie nous
montre encore au-dessus du niveau de l'arête en
question plusieurs escarpemens pareils qui la cei-
gnent en partie. Les escarpemens du revers méridional de l'arête sont assez continus pour empêcher
que le sentier qui passe sur le pied ouest du Puy-
Marie ne descende droit vers la vacherie située au-
dessus du hameau de La Coste. On est obligé de
rétrograder jusqu'à la base du Puy-Chavaroche, et
on y trouve un sentier qui, après avoir descendu
de la hauteur du premier escarpement, passe
entre lui et le suivant, et conduit horizontalement à la pente gazonnée et couverte de quelques
bouquets de bois, qui s'adosse au Puy-Marie, et
qui descend assez rapidement vers la vacherie et
vers le hameau de La Coste.

Les escarpemens successifs de l'arête en question
sont séparés les uns des autres par des pentes souvent très-rapides couvertes d'herbe et de quelques
bouquets de taillis. Cette alternative de pentes et
d'escarpemens se poursuit au pied du Puy-
Chavaroche, et ne se termine qu'immédiatement
au-dessus des Mandailles.

Du côté opposé, au-delà de la saillie unie et
fortement inclinée qui s'adosse à la base du Puy-
Marie, et descend vers le hameau de La Coste;
des escarpemens semblablement étagés recom-

mencent au pied de la montagne de Peyrearte et se prolongent vers le col de Cabre.

Entre le col de Cabre et le sentier qui conduit à la Chaze, la montagne de Bataillouse affecte encore, quoique avec moins de régularité, une disposition analogue.

La pente intérieure du cirque sur lequel se trouve placé le lambeau basaltique isolé qui constitue le plomb du Cantal, présente également une série d'escarpemens interrompus, formés par les parties les plus résistantes des assises successives de trachytes et de conglomérats trachytiques. Les intervalles des escarpemens sont occupés par des pentes couvertes d'herbe et de broussailles. La crête du cratère est ici formée par une assise de trachyte solide, qui a probablement été de tous temps l'assise supérieure de tout le système trachytique.

Le plomb du Cantal, cime la plus élevée de tout le groupe, est formé, ainsi que nous l'avons déjà indiqué, par un lambeau de basalte, criblé de peridot dont la compacité contraste fortement avec la structure scoriacée que ne pourraient manquer de présenter *les écumes des coulées* qui auraient pu seules s'arrêter sur une surface aussi inclinée que celle des assises trachytiques qui le supportent. Au-dessous du plomb les assises trachytiques sont aussi complètes qu'en aucun autre point du groupe, ainsi on ne peut supposer qu'elles aient eu primitivement, tout à l'entour une plus grande hauteur et qu'elles aient présenté un bassin dans lequel le basalte se serait arrêté et solidifié tranquillement. Le basalte du plomb présente donc à lui seul, pour un œil attentif, une preuve dé-

4

monstrative du soulèvement que le groupe du
Cantal a éprouvé. Ce lambeau, actuellement isolé,
a évidemment fait partie d'une nappe originairement beaucoup plus étendue dont les basaltes
qui avoisinent les burons du Cantalon et de Son-
niette faisaient également partie. En ce point,
tout l'ensemble du système plonge, à l'est, sous un
angle de plus de 12°. Aussi les nappes basaltiques dont le plomb forme un *outlyer* ne se
présentent-elles qu'à un niveau absolu beaucoup plus bas. Leur plongement à l'est devient moins rapide à mesure qu'on avance dans
cette direction ; avant les dégradations qui ont
façonné et isolé le plomb du Cantal, leur profil
devait approcher beaucoup de la courbure de la
chaînette ou de celle de la chaîne d'un pont sus-
pendu, depuis son point d'attache jusqu'à celui
où elle devient horizontale.

La forme générale du sol est encore à peu près
la même vers le nord-est. Dans la direction de
Murat, les montagnes s'abaissent très-vite, et les
cimes cessent promptement de dépasser la région
des champs de seigle.

Il reste encore quelque chose de cette même
disposition dans la direction du nord. Les assises
trachytiques qui constituent la cime du Puy-
de-Marie plongent au nord d'environ 10°; mais
les assises basaltiques du Suc de Roux et des pâturages qui s'abaissent doucement vers Trizac et
Riom-les-montagnes n'ont qu'une inclinaison
uniforme vers le nord d'environ 4°.

Sur les deux flancs de la vallée du Mars, et
entre cette vallée et celle de la Jourdanne, l'inclinaison est également uniforme et d'environ 4°.,
inclinaison assez petite en elle-même, mais bien

plus grande cependant que celle des fonds de vallées dans lesquels se sont arrêtés les torrens de laves du Puy-de-Dôme et du Vivarais; car une vallée inclinée de 4° s'abaisserait de 700ᵐ. dans l'espace d'un myriamètre.

Dans le segment du Cantal, compris entre les vallées de Mandailles et de Vic, segment qui est fort étroit, l'inclinaison des assises est également assez constante, mais la surface est plus dégradée, et le profil général est par suite moins rectiligne.

Pour achever de prendre une idée exacte de la disposition des différentes assises du massif du Cantal, suivant une série de surfaces coniques concentriques, il faut les suivre dans les différentes vallées qui prennent naissance dans les brèches que présente la grande enceinte circulaire, vallées dont les flancs abruptes sont le prolongement des escarpemens de ces mêmes brèches, et dont il est bien probable que la première origine est due comme celle de la plupart de ces brèches à un déchirement des nappes trachytiques et basaltiques.

Indépendamment des vallées qui sortent de la grande dépression centrale, il y en a aussi un certain nombre d'autres qui prennent naissance en dehors de cette cavité sur les plateaux inclinés vers l'extérieur. Quelques-unes de ces vallées, beaucoup moins profondes que les autres, ne sont probablement que de simples sillons dus à l'action érosive des eaux; elles ne sont pas aussi régulièrement dirigées suivant des arêtes du cône.

Différence entre les vallées d'érosion et de déchirement.

Les deux plus considérables des vallées qu'on peut appeler de déchirement, sont celles où coulent la *Jourdanne* et le *Cer*, qui reçoivent presque toutes les eaux qui tombent dans la grande dé-

Vallées de déchirement.

4.

pression centrale. Elles sont connues sous le nom de *Vallée de Mandailles* et de *Vallée de Vic*. Elles offrent une série d'escarpemens en retraite, les uns au-dessus des autres, qui sont le prolongement légèrement incliné, mais quelquefois interrompu de ceux de la grande cavité centrale.

Vallée du Falgoux.

Cette disposition étagée qui rappelle le déchirement auquel il y a lieu de penser qu'elles doivent leur première origine, est peut-être encore plus claire et plus facile à étudier dans la vallée du Falgoux, qui est plus escarpée et plus étroite, que toutes les autres vallées qui divergent du centre du Cantal quoiqu'elle ne se rattache à la grande cavité centrale que par une brèche peu profonde et qu'elle en demeure séparée par une crête qui fait partie de la grande enceinte. Cette dernière circonstance est probablement liée à l'existence de deux masses isolées de phonolite qui sont sorties au haut de cette même vallée, au sud-ouest et à l'ouest de la vacherie de Marie, et qui ont donné lieu, de ce côté, à une crevasse distincte, indépendante jusqu'à un certain point du soulèvement central.

Disposition du basalte et du trachyte.

La hauteur et le rapprochement des escarpemens donne ici une facilité particulière pour y étudier la succession des différentes assises dont se compose le terrain. En descendant vers le hameau des Vaulmiers, par le sentier qui vient de Trizac, on remarque que l'escarpement opposé présente plusieurs terrasses successives qui s'abaissent toutes parallèlement l'une à l'autre vers la partie inférieure de la vallée. La terrasse supérieure est formée par le basalte qui constitue le sol des plateaux environnans, et on peut s'assurer, tant en descendant aux Vaulmiers, qu'en remontant de l'autre côté, que ce basalte alterne avec des conglomérats basaltiques. Au-dessous de l'assise inférieure du basalte, tout est trachytique jusqu'à la terrasse inférieure qui est formée de granite. Il n'y a pas ici de trachyte en masse, mais seulement diverses assises de conglomérats qui sont souvent à gros fragmens et très-solides. Vers le milieu de leur épaisseur qui est de 3 à 400^m., se trouve une assise plus solide que les autres qui forme une terrasse très-nettement dessinée, de dessus laquelle on voit se précipiter, sur le flanc gauche de la vallée, une cascade très-élevée.

La vallée des Maronies, entre les Vaulmiers et le Puy-Violent, quoique beaucoup moins profonde que celle du Falgoux, entame cependant sur une grande épaisseur le conglomérat trachytique. Les escarpemens inférieurs en sont formés, et une cascade assez considérable tombe sur la face de ceux du flanc méridional de la vallée.

Ce tuf ou conglomérat trachytique est de beaucoup la roche dominante dans les parties du massif du Cantal accessibles à nos regards; nous venons de voir que dans la vallée de Falgoux il forme une assise très-puissante; dans la vallée de Vic, on quitte le véritable trachyte, un peu au-dessous de Saint-Jacques-des-Blats, et, dans le reste de son cours, elle est ouverte dans ce trachyte fragmentaire. La même disposition se reproduit dans la vallée de Mandailles, dans laquelle le véritable trachyte ne descend pas au-dessous du petit bourg qui lui donne son nom.

On voit déjà par ces divers exemples que les trachytes et les conglomérats trachytiques dont les assises successives se dessinent par des lignes parallèles sur des parties considérables des escarpemens

Les trachytes et les conglomérats sont mélangés irrégulièrement.

intérieurs de la grande dépression centrale et des grandes vallées divergentes, ne conservent pas indéfiniment cette alternance régulière lorsqu'on les suit dans ces mêmes vallées divergentes jusqu'à la circonférence du massif, disposition contraire en tous points à celle qu'auraient prise des courans de lave sortis du centre du massif déjà soulevé.

Ainsi que nous venons de le rappeler, la vallée du Mars ou du Falgoux ne présente au-dessous du basalte, à la hauteur du hameau de Vaulmiers, qu'une assise extrêmement épaisse de conglomérats trachytiques sans trachyte en masses continues, tandis que plus haut, au contraire, sur les pentes du Puy-Marie et sur celle de l'arête qui sépare la vallée du Mars ou du Falgoux de celle de Mandailles, on voit les trachytes et leurs conglomérats alterner par assises nombreuses.

Au-dessus du village de Mandailles, tout le fond de la vallée de la Jourdanne est creusé dans un trachyte solide, présentant des escarpemens sur lesquels les ruisseaux qui affluent au torrent principal forment de nombreuses cascades.

En montant de Mandailles au col de Cabre qui conduit à Dienne et à celui qui domine le point culminant de la route de Murat, on voit successivement affleurer un grand nombre de fois des conglomérats trachytiques et des trachytes solides. Peut-être, à la vérité, ces derniers trachytes appartiennent-ils en partie à des filons injectés après coup à travers les assises préexistantes des trachytes et des conglomérats.

Remarques sur l'assise supérieure de trachyte. Le trachyte qui constitue le massif du col de Cabre, et qui appartient à l'assise la plus élevée, est d'un gris brunâtre et très-solide; la pâte est compacte et les cristaux sont peu nets. Ils ne sont pas vitreux comme au Mont-Dore. Dans les escarpemens du Puy-Marie et du plomb du Cantal, on reconnaît facilement cette assise supérieure; on la retrouve dans les escarpemens des vallées de Vic et de Mandailles. La descente du Puy-Marie vers Murat nous montre également cette même assise, de manière qu'elle paraît s'être étendue par-dessus les différentes assises de trachyte et de conglomérats et les avoir toutes recouvertes dans un espace très-étendu tant en largeur qu'en longueur, et dont la forme n'a aucun rapport avec celle de l'espace qu'un courant de lave aurait pu recouvrir sur une surface bombée. Cette assise repose immédiatement au col de Cabre et au Puy-Marie sur un trachyte rougeâtre caverneux et un peu scoriacé. La position constante de ces deux assises ajoute à l'évidence de l'ancienne continuité de toute cette masse dont la surface devait dans l'origine être horizontale, et dont la manière d'être actuelle est un témoignage des mouvemens que le sol a éprouvés.

En descendant le Lioran à peu près à moitié chemin du village de la Chaze à Murat, près de la cascade du pont de Pierre-Taillée, on voit un trachyte blanchâtre, composé de grains cristallins très-fins et ayant l'apparence de perlites. Cette roche, entièrement semblable à certains porphyres de la vallée d'Enfer au Mont-Dore, est analogue à quelques variétés de domites; nous avons recueilli aussi quelques échantillons de trachyte à pâte ferrugineuse et à cristaux de pyroxène; cette dernière variété de trachyte ressemble à certaines roches des terrains basaltiques, mais sa position ne permet pas de faire ce rapprochement.

La structure et la composition des roches dont le

Variétés de trachytes.

Liaison des
trachytes et
des conglomé-
rats trachy-
tiques.

Cantal se compose n'est pas moins opposée
que leur disposition générale à l'idée qui ten-
drait à assimiler ce groupe de montagnes à
un simple cône d'éruption en partie démoli.
Les lignes de démarcation des assises successives de trachytes et de tufs trachytiques y sont
peu nettes; elles ne sont même pas séparées,
comme nous aurons occasion de l'indiquer au
Mont-Dore, par ces lits de parties ponceuses
qui y marquent la séparation de ces deux ma-
nières d'être de la roche trachytique. Le trachyte et le conglomérat passent souvent l'un à
l'autre d'une manière insensible.

Composition
et structure
des conglomé-
rats trachy-
tiques.

Le conglomérat trachytique est en général composé de parties dures contenant des cristaux de feldspath, et analogues en tout au trachyte en masse;
ces nodules sont réunis par une pâte tantôt terreuse,
tantôt caverneuse, scoriacée, et le plus souvent
d'un brun rougeâtre plus ou moins foncé. Les nodules se fondent peu à peu dans cette pâte, de manière qu'il est impossible de les détacher, et de
mettre une séparation positive entre ces deux élémens du tuf trachytique; il est plus solide que le
tuf trachytique du Mont-Dore, et ne présente
nullement l'apparence d'un conglomérat fait à la
manière des roches arénacées des terrains de sédiment. Il n'a en même temps qu'une ressemblance
incomplète avec les tufs que les déjections incohérentes produisent sur les flancs des volcans brûlans.
La composition et la texture des tufs trachytiques
nous font penser que ces roches ont été rejetées
à la même époque et par les mêmes ouvertures
que le trachyte en masses continues. Elles se com-
poseraient des parties extérieures des masses trachytiques refroidies et solidifiées les premières

par l'effet de la température plus basse des roches que le trachyte traversait, et broyées ensuite par le mouvement et le changement de figure de ce même trachyte, puis réagglutinées, peut-être refondùes en partie par l'effet de la chaleur qui se dégageait de la masse encore en fusion.

Le tuf trachytique du Cantal contient, dans quelques localités de l'alunite, comme au Mont-Dore ; on annonce qu'il en existe un gisement près des hameaux de Raimont et de Benex, au haut de la vallée de Mandàilles, et un autre dans la vallée de Fontanges.

Nous avons trouvé entre Vic et Aurillac, dans la vallée du Cer, des cristaux de dolomie empâtés dans les tufs trachytiques ; cette circonstance remarquable est probablement en rapport avec les dislocations que le terrain tertiaire a éprouvées dans ce pays par suite des éruptions trachytiques. On voit, sur la route d'Aurillac à Murat, un grand nombre d'exemples de ces dérangemens, surtout depuis le village la Roque jusqu'à Polminhac. Les dislocations du terrain tertiaire sont telles que, dans l'espace de quelques toises, les couches se séparent et plongent en sens contraire ; les lits de silex noirs, stratifiés parallèlement aux couches, rendent cette disposition très-sensible, et la font apercevoir de loin. Près de Giou, village situé au bas de la vallée de Vic, la route met à nu un escarpement calcaire qui peut avoir environ 40 pieds de haut sur 140 à 150 de large, et dans lequel il existe quatre de ces lits de silex. Les couches plongent vers le S.-O. sous un angle de 52° environ. Cet escarpement est recouvert par du trachyte fragmentaire qui l'enveloppe latéra-

Fragmens de calcaire d'eau douce empâtés dans les tufs trachytiques.

lement. Outre ce dérangement dans la stratifica-
tion du terrain tertiaire, ordinairement si régulier
dans cette partie de la France, on voit encore des
fragmens plus ou moins considérables (souvent de
4o à 5o pieds de diamètre) entièrement enclavés
dans le conglomérat trachytique; ces fragmens
sont nombreux près de Giou. On en retrouve dans
quelques points fort élevés de cette vallée, notam-
ment près de Tiesac, dans l'escarpement de la rive
droite, un peu à l'ouest de ce village(1). MM. Murchison et Lyell ont observé des fragmens de
silex d'eau douce, près du point culminant de la
route d'Aurillac à Murat au N. de la Chaze. Il
paraît que dans le haut de la vallée de Mandailles il existe également des masses du terrain
tertiaire enclavées dans le trachyte; nous n'en
avons pas observé personnellement, mais le guide
qui nous a conduit de Mandailles au col de Cabre,
nous a assuré qu'on a trouvé du combustible fos-
sile (probablement du lignite) au milieu des
pentes et des escarpemens successifs de conglomérats trachytiques qui forment la base orientale
du Puy-Chavaroche. Une charge de ce combus-

---

(1) Nous renverrons pour plus de détails sur cette
pénétration du terrain trachytique dans le terrain tertiaire, au mémoire intitulé : *Sur les rapports des terrains
tertiaires et des terrains volcaniques de l'Auvergne*,
que l'un de nous a publié dans les *Annales des Mines*,
IIe. série, t. VII, (voyez la page 345 et suivantes, et la
coupe, Pl. 12); et au mémoire sur les *Dépôts lacustres
tertiaires du Cantal*, et leurs rapports avec les roches
primordiales et volcaniques, par MM. C. Lyell et R.-I.
Murchison. (*Annales des Sciences naturelles*, t. 18,
page 172.)

tible a été descendue à Mandailles et brûlée par un maréchal (1).

Ces masses de calcaire enclavées, au milieu du terrain trachytique, sont par trop considérables pour être considérées comme de vastes galets appartenant à un terrain de transport; leur intercalation dans le conglomérat trachytique qui les enveloppe de tous côtés, nous indique que le terrain tertiaire a été fortement bouleversé par l'arrivée au jour des trachytes et de leur tuf; cette disposition nous montre combien sont légères et trompeuses les ressemblances accidentelles que présentent ces tufs avec ceux qui se forment sous nos yeux sur les flancs des volcans brûlans et dont les dépôts, qui couvrent aujourd'hui les ruines d'Herculanum et de Pompeïa, offrent un exemple célèbre. Cette différence ajoute une nouvelle force aux autres motifs qui empêchent de voir dans le Cantal un cratère ordinaire dégradé.

L'apparition des trachytes du Cantal n'a pas eu lieu d'un seul jet. Leur production doit avoir continué pendant une époque assez longue, à en juger par la répétition des assises. Elle s'est prolongée encore long-temps après la formation des

Les éruptions de trachyte ont été nombreuses et successives.

(1) M. Bouillet cite dans son *Itinéraire minéralogique et historique de Clermont-Ferrand à Aurillac*, page 57, un fait qui a peut-être quelques rapports avec ce qui précède : « Il existe, dit-il, à peu de distance du Cantal » des couches de sable et de gravier absolument verti- » cales sur un épaisseur considérable. » M. Amédée Burat, dans l'ouvrage qu'il vient de publier *sur les terrains volcaniques de la France centrale*, donne beaucoup de détails intéressans sur ces conglomérats très-inclinés.

masses principales, ainsi qu'on peut l'inférer de l'existence des nombreux filons de trachyte qui coupent ces dernières ; on voit près de Ferval, dans l'intérieur de la cavité centrale, plusieurs de ces filons trachytiques qui coupent les assises de trachyte et de conglomérat. Il existe également un filon de trachyte au sommet de la montée du Lioran, près de la source du Cer ; ces trachytes en filons sont en général plus compactes et plus cristallins que les couches qu'ils traversent ; néanmoins, on ne peut douter de leur nature : ils ne sont pas basaltiques. La production des trachytes paraît avoir cessé complétement avant les épanchemens basaltiques, car les filons trachytiques ne traversent point les assises basaltiques.

Filons de trachyte.

Dans le groupe du Cantal, le basalte forme une couverture à peu près continue qui s'élève de tous côtés jusqu'à peu de distance et souvent même jusqu'au sommet de la crête de la cavité centrale. Les nappes basaltiques sont partout inclinées de la même manière que le trachyte ; leur inclinaison varie avec leur position autour du cratère, et tout annonce, de même que pour le trachyte, que cette disposition régulière est liée à la formation de cette enceinte circulaire. Il est d'ailleurs évident, ainsi que nous l'avons déjà rappelé, que ces vastes nappes de basalte ne peuvent s'être solidifiées dans la position inclinée où on les observe aujourd'hui.

Nappes de basalte formant une couverture presque continue.

Outre les nappes recouvrantes, le basalte forme encore de nombreux filons qui traversent toutes les assises trachytiques, et viennent s'épancher à leur surface. Le Puy-Violent est formé, comme la banne d'Ordenche, dans le groupe du Mont-Dore, par la tête d'une colonne ba-

Filons de balsate.

saltique ou plutôt d'un filon basaltique, renflé à peu près comme celui qui constitue la roche rouge près du Puy. Le vide que remplit ce filon paraît avoir été l'une des bouches par lesquelles sont sorties les nappes balsatiques, aujourd'hui inclinées, qui couvrent de ce côté les pentes du Cantal. Plus résistante sans doute que les nappes balsatiques, cette tête de filon a été moins dégradée qu'elles, elle domine aujourd'hui leur surface devenue inégale et de sa cime on peut prendre une idée exacte du profil rectiligne et incliné qu'elles présentent en grand. Les filons basaltiques du Puy-Violent sont remarquables par leur étendue et la constance de leur direction qui court à peu près du S. 10 E. au N. 10° O.

Le sommet du plomb du Cantal est formé, ainsi que nous l'avons indiqué, par un petit lambeau basaltique, d'environ 25^m de hauteur, en rapport avec les nappes de basalte qui forment les arêtes qui séparent les vallées du Brezons, de la Séniq, de Goul, etc. M. Amédée Burat, dans son intéressant ouvrage sur les volcans de la France centrale, donne le nom de dyke au lambeau basaltique du plomb du Cantal : nous croyons qu'il existe en effet un dyke basaltique d'une faible puissance qui coupe les assises trachytiques qui supportent le plomb, et par lequel le basalte du plomb a probablement été vomi; mais le lambeau balsatique du plomb ne saurait être appelé dyke, puisqu'il s'étend sur le trachyte au lieu d'y pénétrer avec toute sa largeur. Il est évident qu'il a fait partie d'une nappe primitivement beaucoup plus étendue qui, comme presque tous les basaltes, se sera épanchée par des fentes.

On observe un filon basaltique dans l'intérieur de la cavité centrale, entre le Puy-de-
Griounaux et le pied du Puy-Marie.

Longue durée des éruptions balsatiques.

Dans aucun point du Cantal on ne voit le basalte
alterner avec le trachyte; toujours il est supérieur à
cette dernière roche. Cette disposition, ainsi que la
présence des filons basaltiques, prouvent d'une
manière irrécusable que dans cette contrée les
éruptions basaltiques sont postérieures aux épanchemens trachytiques; la différence d'âge entre
le basalte et le trachyte, ainsi que celle qui
résulte de la comparaison des roches, ne nous
paraissent pas les seuls caractères qui doivent faire
considérer les terrains trachytiques et basaltiques
comme le produit de deux phénomènes différens,
quoique du même ordre. Les trachytes, quoique
formant des nappes assez continues et qui se sont
renouvelées plusieurs fois, paraissent s'être épanchés à un état beaucoup moins fluide que les basaltes. Ils doivent être sortis plus tôt par de larges
crevasses, tandis que les basaltes sont arrivés au jour
par des fentes. Les coulées basaltiques paraissent,
comme les éruptions trachytiques, avoir rempli
une certaine période et s'être renouvelées à plusieurs reprises. Ainsi, aux environs du Puy-Violent
et dans les deux flancs de la vallée du Mars,
le basalte forme deux nappes séparées par une
couche épaisse de conglomérat basaltique; la
nappe inférieure de basalte repose sur le tuf
trachytique.

Nous avons annoncé que le phonolite, indépendamment du Puy-de-Griou, de la roche de l'Usclade et des roches adjacentes, forme encore des
masses détachées, situées loin du centre principal
de soulèvement, comme celle du haut de la vallée

du Falgoux. Il constitue en outre plusieurs filons. On en voit un, peu épais, à quelque distance du plomb du Cantal; il est composé de phonolite présentant une division tabulaire parallèlement à la direction du filon. Ce filon de phonolite coupe l'assise de trachyte qui forme la crête du cratère. La position des masses principales de phonolite, au point central vers lequel se relèvent les assises trachytiques et basaltiques jointe à la circonstance que le filon dont nous venons de parler coupe toutes les assises du trachyte, nous conduisent à supposer que dans le Cantal cette roche est plus moderne que le trachyte et même que le basalte. Ces porphyres, poussés à la surface du sol auraient soulevé devant eux les assises trachytiques et les nappes basaltiques, lesquelles, ne pouvant résister à la pression qu'elles éprouvaient, se seraient ouvertes au point où l'action s'exerçait avec le plus de force et déchirées latéralement, suivant plusieurs lignes qui partaient du centre; ces différentes déchirures et l'écroulement des parties trop fortement ébranlées auraient donné naissance au vide intérieur ainsi qu'aux vallées profondes qui en interrompent le contour.

Masses et filons de phonolite: leur influence sur la forme du groupe.

Le relèvement ne s'est pas fait d'une manière parfaitement semblable sur tout le pourtour du groupe. Du côté de l'ouest et du nord-ouest, les nappes basaltiques s'inclinent d'une manière presque uniforme de la crête circulaire vers l'extérieur en présentant des profils presque exactement rectilignes. Du côté de l'est au contraire, les assises trachytiques s'inclinent de moins en moins à mesure qu'on s'éloigne des bords du cirque que couronne le lambeau basaltique du plomb, et les nappes basaltiques en partie démantelées présentent une disposition correspondante. De ce côté la section méridienne des assises relevées est sensiblement courbe et approche de la forme de la chaînette beaucoup plus que de la ligne droite, et quoique près du plomb la crête circulaire soit plus élevée que dans tout le reste du contour, l'inclinaison étant en même temps beaucoup plus forte près de la crête, le niveau des montagnes s'abaisse d'abord beaucoup plus rapidement et la région des pâturages fait place beaucoup plus vite à celle des champs cultivés.

Nous avons montré, dans la première partie de ce mémoire, que l'hypothèse d'un soulèvement circulaire à laquelle nous sommes conduits pour expliquer comment le Cantal a pris son relief actuel est assez simple pour qu'il soit possible de la soumettre au contrôle de quelques calculs numériques. Nous ne pouvons donc terminer l'aperçu que nous venons de donner de la structure de ce groupe de montagnes, sans examiner jusqu'à quel point les traces de déchirement que présente sa surface répondent soit par leur quantité absolue, soit par l'effet qu'elles produisent sur la figure du massif comparativement avec ce qui s'observe dans d'autres massifs auxquels on est porté à attribuer une origine semblable, soit même par l'influence qu'elles paraissent avoir eues sur les formes de différentes parties du groupe, à l'hypothèse d'un soulèvement en rapport par son étendue et sa quantité absolue avec les données de l'observation.

Nous ferons d'abord abstraction de la dissemblance que nous venons de signaler entre les diverses sections méridiennes du système. Nous supposons que de toutes parts les nappes basal-

tiques se relèvent uniformément du contour à peu
près circulaire de l'espace soulevé vers la crête
du cirque central. Les villages de Giou et de
Saint-Bonnet-les-Salers sont situés à peu près sur
la circonférence de l'espace que le soulèvement a
affecté. Leur distance moyenne au fond du Vacher, qui occupe le milieu de la masse phonolitique centrale, est d'environ 22,000 mèt. Nous aurons donc pour le Cantal R=22,000 mèt. L'angle
sous lequel se relèvent les nappes basaltiques qui
constituent les plateaux que coupe la vallée du Mars
et ceux qui avoisinent le Puy-Violent, paraît à
l'œil d'une constance remarquable; et des mesures
directes, mais qui ne peuvent être considérées que
comme approximatives, nous l'ont fait évaluer à 4 à
5°. Il paraît cependant que, malgré cette apparente
uniformité, la pente diminue à mesure qu'on approche de la circonférence extérieure, et que, même
de ce côté, la section méridienne du système est
une courbe légèrement concave; car la hauteur du
Puy-Violent, qui est de 1575 mèt., ne surpasse que
de 775 mèt. la hauteur moyenne du terrain sur lequel s'élève le Cantal, hauteur qu'on peut évaluer
à 800 mètres, et en divisant cette différence de hauteur par 12,000 mètres, distance du Puy-Violent à la
circonférence du groupe, on trouve $\frac{775}{12000}=0,065$
pour la tangente de l'angle d'inclinaison, ce qui
ne donne que 3° 42' pour la valeur moyenne
de cette même inclinaison, que nous avons désignée par θ. Nous aurons donc pour le Cantal
θ=3° 42', tan. θ=0,065. Le contour de la cavité centrale n'est pas aussi exactement circulaire qu'il le paraît à l'œil, lorsqu'on l'observe du Puy-de-Griou, ses rayons ne sont pas
tous égaux, mais la distance du fond du

5'

Vacher au Puy-Chavaroche, qui est d'environ
4,000 mètres, est à peu près la moyenne de
leur longueur. Pour calculer approximativement la somme des largeurs originaires des
fractures et des fendillemens qu'a dû présenter, immédiatement après le soulèvement,
la surface de la masse soulevée à une distance du
centre égale au rayon moyen des escarpemens
du cirque, il faut dans la formule (3) donner à
R et à θ les valeurs déterminées ci-dessus, et y
faire $r = 4,000$ mètres. On trouve ainsi :

$$\Sigma f = \pi \,(18,000^m)\,(0,065)^2 = 236^m.$$

Telle est la valeur de la somme des largeurs originaires des interstices que le soulèvement aura
fait naître sur la surface supérieure de la masse
soulevée à la distance du centre à laquelle se
trouvent moyennement les escarpemens. Cette
somme, dans laquelle se trouvent comprises
les largeurs des dykes de phonolite et d'autres roches, qui auront pu être injectés au moment du soulèvement, n'est pas assez grande
pour interrompre d'une manière bien notable la
continuité des assises dont cette masse se compose; car la circonférence de 4,000 mèt. de rayon,
sur laquelle ces fractures se trouvent réparties,
ayant 25,133 mèt. de développement, la somme
des fractures n'en forme que $\frac{236}{25133}$ ou environ $\frac{1}{106}$;
ainsi l'apparence de continuité que présentent les
escarpemens circulaires n'a rien de contraire à
l'hypothèse du soulèvement.

Cette somme de fractures, toute petite qu'elle
est relativement à la circonférence sur laquelle
elle est répartie, est cependant assez grande en
elle-même pour avoir pu devenir l'origine de dé-

gradations considérables. Si elle s'était répartie en entier entre 5 crevasses, chacune d'elles aurait eu moyennement près de 5o mètres de largeur à sa partie supérieure, ce qui est bien plus que suffisant pour donner naissance à une vallée. Il suffit, en effet, d'une fracture de peu de largeur, pourvu qu'elle soit profonde et continue, pour donner accès aux eaux pluviales et à celles provenant de la fonte des neiges jusque dans le cœur du massif qu'elle traverse, et pour les mettre dans le cas de produire en sapant la base des escarpemens de nombreux éboulemens. Ces éboulemens ne doivent cesser que lorsque les flancs des vallées ont acquis un certain talus, et les talus actuels ne sont pas encore suffisans pour en prévenir complétement le retour, car il y en a encore quelquefois.

C'est ici le lieu de remarquer que l'hypothèse d'un soulèvement préalable et de la production d'une somme correspondante de crevasses, est celle qui, dans le creusement des vallées divergentes du Cantal, laisse le moins à faire à l'action érosive des eaux. Si on supposait que le Cantal fût un ancien cône d'éruption dont la partie centrale se serait éboulée, il serait bien plus difficile de concevoir la formation des vallées qui le découpent. Combien de temps n'aurait-il pas fallu aux eaux agissant sur la surface extérieure d'un cône pour suppléer à l'avantage que leur donnent des fissures qui les introduisent de prime-abord au milieu de la masse à attaquer. Peut-être les partisans de l'hypothèse du cône d'éruption démantelé seraient-ils tentés d'appeler à son secours des fissures contemporaines de l'écroulement de la partie centrale. Mais, ainsi que nous l'avons rappelé page 546, des fissures supposent un soulèvement ; et si les adver-

5.

saires de notre hypothèse admettent un soulèvement quelconque, nous ne voyons plus bien
en quel point essentiel leurs idées diffèrent des
nôtres.

Nous avons donné à la fin de l'Introduction,
p. 566, le résultat de l'application de la formule
(4) au Cantal, et fait pressentir par-là les rapports que le moyen de comparaison qu'elle présente établit entre le Cantal et d'autres cônes de
soulèvement. Il résulte évidemment des discussions auxquelles nous nous sommes livrés dans
l'introduction, et des élémens numériques du
cône du Cantal, que sa surface doit être plus
déchirée que celle de Santorin, ce qui a lieu en
effet, et moins déchirée que celle de Ténériffe,
et surtout de Palma. Cette dernière condition
ne paraît pas au premier aspect aussi fidèlement
remplie; cependant, si on remarque d'une part
que les descriptions de M. de Buch n'indiquent
nulle part à Palma, ni même à Ténériffe, de
plateaux comparables à ceux qui s'élèvent de différens côtés jusque près de la crête de la cavité
centrale du Cantal, et si on observe de l'autre
qu'une partie des fractures du cône extérieur de
Ténériffe ont pu être comblées par les coulées
de laves sorties à différentes reprises de divers
points de ses flancs, et que le cône du Cantal se
couvre chaque hiver d'une enveloppe de neige,
qui, en se fondant au printemps, donne lieu à
des torrens considérables qui n'ont pas d'équiva-
lens dans les îles Canaries, on verra que l'état
du Cantal n'a rien de contraire aux rapports que
le calcul indique entre lui et les cônes de soulèvement de Ténériffe et de Palma.

Si maintenant nous comparons entre eux les

différens côtés du cirque du Cantal, que nous avons vu être diversement inclinés, nous remarquerons que ceux où l'inclinaison est la plus grande près de la crête circulaire peuvent être assimilés à des segmens de cônes moins surbaissés, et que, d'après les discussions que nous avons présentées dans l'Introduction, ils doivent avoir été plus destructibles que les autres. Or, il se trouve en effet que la portion du cirque sur laquelle se trouve le plomb du Cantal, est celle où les assises trachytiques présentent la plus grande inclinaison, et que ce côté est aussi celui où le manteau basaltique a été le plus dégradé.

En résumé, on voit que rien ne conduit à assimiler le Cantal à un cône d'éruption démantelé; que plusieurs faits importans rendent cette assimilation impossible; que tout, au contraire, concourt à le présenter comme le résultat d'un soulèvement opéré dans un grand plateau basaltique reposant sur un terrain trachytique, et comme un nouvel exemple de ces cônes de soulèvement évidés à leur centre, que M. de Buch a nommés *cratères de soulèvement*.

III. GROUPE DES MONTS DORE.

Le groupe des monts Dore présente dans sa composition et même dans ses formes de nombreux traits de ressemblance avec celui du Cantal : il est cependant plus compliqué, quoique moins étendu. Il occupe un espace à peu près circulaire d'environ deux myriamètres ou quatre lieues de diamètre. (Voyez la carte, pl. XI.) Il se compose, comme le Cantal, d'une série d'assises de trachytes et de conglomérats trachytiques reposant sur le granite et les autres roches cristallines qui forment la base du sol du grand plateau de l'Auvergne et du Limousin. Le système trachytique y est traversé comme au Cantal par des filons et des colonnes de basalte dont la carte, planche XI, indique les plus remarquables, et recouvert en quelques points par de larges nappes basaltiques; mais ces basaltes en nappes ne s'observent guères, dans l'état actuel des choses, que sur le pourtour du groupe qu'elles entourent en forme de ceinture presque continue.

Ces assises trachytiques et basaltiques dont tout annonce que la position originaire était sensiblement horizontale, se relèvent aujourd'hui d'une manière presque toujours assez prononcée, quelquefois même très-forte, non plus vers un seul centre comme au Cantal, mais vers plusieurs centres différens dont chacun paraît avoir été le point d'application d'une force soulevante. Ce relèvement, d'abord faible, augmente à mesure qu'on approche des centres de soulèvement, comme dans la chaînette, en approchant du point d'attache; les roches n'étant pas susceptibles de s'étendre, se sont rompues, lorsque le soulèvement a été trop considérable.

Il présente trois centres de soulèvement. On reconnaît au Mont-Dore trois centres principaux de soulèvement. Le Puy-de-Sancy, point le plus élevé du groupe, situé au sud du village des Bains, appartient à l'un de ces centres; la roche Sanadoire, la roche Thuilière, et la roche de Malviale, placée au S.-O. des deux premières, forment par leur ensemble un second centre autour duquel les assises trachytiques sont relevées. Le troi-

sième centre est placé à la réunion des ruisseaux au S.-O. du Puy-de-la-Tache. Ce troisième
soulèvement n'est guères indiqué que par le
relèvement des assises trachytiques vers un même
point ; elles ne sont pas rompues aussi fortement
que celles qui entourent la roche Sanadoire ou
le Puy-de-Sancy , et il n'en est pas résulté, comme
dans ces deux premiers exemples , une dépression
centrale où les roches qui ont produit ou transmis
l'action soulevante se trouvent mises à découvert.
La masse basaltique de la Banne d'Ordenche, sur le
prolongement de laquelle se trouve le Puy-Gros (1),
appartient encore à un groupe de dislocations
distinct des trois précédens et d'une forme assez
différente ; c'est plutôt une grande faille qu'un
centre de soulèvement.

La dépression qui enveloppe la Sanadoire, la
Thuilière et la Malviale nous montre à découvert
dans son centre les roches auxquelles nous rap-
portons, au moins en partie, les révolutions que
le sol trachytique a éprouvées ; c'est le phonolite.
Chacune de ces trois roches présente un segment
de cône en partie nu, en partie gazonné vers l'extérieur, et coupé par une face verticale qui est
tournée vers le point central du cercle qui serait
tangent à ces trois roches. Toutes trois sont en
partie composées de masses prismatiques ; elles
laissent principalement voir cette structure dans
la partie coupée à pic. Les prismes de la roche
Thuilière sont d'une régularité remarquable ;
ils sont verticaux, à quatre faces. Sur leur lon-

*Causes du
soulèvement*

(1) Il existe au Mont-Dore deux Puys désignés par ce
nom , celui dont il est question ici est au N de l'établissement des bains.

gueur, qui est considérable, ils sont coupés obliquement par un autre ordre de fractures; vers la partie nord de la roche, ils dégénèrent en tables verticales peu épaisses, qui ont la structure schisteuse, circonstance dont on profite pour les débiter en tuiles grossières. La roche Malviale placée au sud de la roche Thuilière affecte une disposition semblable, mais moins régulière; quant à la roche Sanadoire, elle est composée de paquets de prismes quelquefois courbes et diversement disposés sur la face intérieure. Sa base méridionale, qui fait partie du contour extérieur des masses phonolotiques, est divisée en gros prismes peu réguliers, ou simplement même en pilastres irréguliers; ces pilastres présentent des fissures rectangulaires qui nous montrent qu'ils sont composés eux-mêmes de prismes horizontaux. La base de ce phonolite paraît être du feldspath compact mélangé de petits cristaux de feldspath lamelleux non vitreux. Son aspect diffère essentiellement des porphyres trachytiques qu'on voit dans les escarpemens qui enveloppent de tous côtés les trois dents phonolitiques. On a trouvé dans ce phonolite des cristaux de Hauyne. L'intervalle qui sépare les trois roches est très-uni; il est en partie occupé par un cours d'eau et une prairie; on n'y voit pas de rochers à nu.

Au Puy-de-Sancy on peut apprécier l'action soulevante par la direction de la nappe trachytique qui se relève de tous côtés sous des angles de 10°, de 20° et même de 30 à 35°; mais on ne voit pas immédiatement la roche qui a produit ce relèvement à moins qu'il ne faille l'attribuer au groupe de filons de trachyte qui se trouve au point central.

Le Puy ou Pic-de-Sancy, élevé de 1887 mètres au-dessus de la mer, forme le point le plus élevé de tout le groupe des monts Dore. Autour de sa cime aiguë se groupent d'autres cimes un peu moins élevées mais d'une forme analogue, dont l'ensemble produit une ligne dentelée qui termine au midi la vallée des bains. Ce groupe de cimes, d'une forme différente de celles qui les entourent est formé par une réunion de filons et de colonnes irrégulières de trachyte qui s'élèvent à travers une grande masse de conglomérats trachytiques dont l'action du temps a dégagé leurs parties supérieures. Il est assez naturel de penser que ce groupe de filons a été le point d'application, peut être même l'effet direct du principal effort soulevant.

Placé à la cime du Puy-de-Sancy, l'observateur voit se déployer autour de lui une série d'escarpemens disposés à peu près suivant une circonférence du cercle dont il occupe le centre. Ces escarpemens réalisent pour lui la coupe cylindrique que nous avons indiqué la nécessité de faire dans une masse conique de matières volcaniques dont on cherche à deviner l'origine. En joignant aux données qu'ils lui présentent celles que lui offrent en même temps les escarpemens de la vallée des Bains que ses regards parcourent en entier, le géologue placé à la cime du Puy-de-Sancy peut saisir d'un seul coup d'œil les principaux élémens du problème que présentent les Monts Dore.

Trois grandes assises de conglomérats trachytiques, surmontées chacune par une assise de trachyte solide, se dessinent sur les escarpemens circulaires par des lignes horizontales qui ne

s'interrompent que dans les différentes échan-
crures qui déchirent plus ou moins profondément
le cirque où elles se déploient, et dans les espaces
couverts de gazon ou d'éboulemens qui en
masquent quelques parties. De nombreux ravins
où les eaux coulent constamment et dans plusieurs desquels elles tombent en cascades, présentent çà et là des coupes toujours découvertes où
on peut étudier tous les détails de leur structure
et de leur superposition. Ces escarpemens étagés
ressemblent certainement beaucoup plus à ceux
que des soulèvemens autour d'un point ont produits, soit à Morey ou au Creux-du-Vent dans le
Jura, soit à Loëche en Valais, qu'à ceux que
pourraient offrir intérieurement les restes d'un
cône d'éruption dont le milieu se serait éboulé.

A partir des escarpemens qui font face au
Puy-de-Sancy, ces assises trachytiques plongent
de toutes parts vers l'extérieur; de sorte qu'au Puy-
Gros, placé au sud du Pic-de-Sancy, les assises
trachytiques sont inclinées de 3o à 35° vers le S.
4o° E., tandis qu'au Pan-de-la-Grange, qui est à
l'ouest de ce même Pic, le trachyte plonge à l'O.
1o° N., et qu'à la Grange-Berger et au plateau
de Cacadogne, placés, l'une au nord du groupe
central, et l'autre à l'est, l'inclinaison est, dans
le premier lieu, vers le N. 15° E., et dans le second
vers le E. 1o° à 15 S.

Les assises trachytiques présentent des porphyres feldspathiques plus ou moins solides al-
ternant avec des conglomérats. Ces conglomérats sont composés de masses plus ou moins ag-
grégées qui paraissent avoir été rejetées à l'état
solide, et qui contiennent exactement les mêmes
élémens que les assises porphyriques. Ils ne

nous paraissent pas être uniquement, comme quelques géologues l'ont pensé, le produit du remaniement opéré par les eaux, qui ont agi à la surface du sol; et par conséquent ils ne nous semblent pas indiquer nécessairement que les trois époques auxquelles s'est renouvelée l'action qui a donné naissance au trachyte aient été séparées l'une de l'autre par des époques de sédimentation. La formation de ces conglomérats nous semble une conséquence nécessaire du mode d'éruption des trachytes; il est probable que tandis qu'une partie de la matière trachytique était rejetée à l'état liquide, une certaine quantité s'était solidifiée dans le trajet, et arrivait à la surface du sol à l'état solide. Nous avons indiqué d'ailleurs que dans le Cantal où les caractères des conglomérats trachytiques sont encore plus tranchés, les terrains tertiaires ont été également disloqués par l'apparition soit des conglomérats soit des trachytes, circonstance qui vient appuyer la supposition que nous admettons sur leur formation. Mais quoique ces roches pseudo-arénacées ne paraissent dans aucun cas devoir essentiellement leur origine à des causes étrangères à celles qui présidaient alors à la formation des trachytes, il n'en est pas moins naturel de supposer que les eaux de la surface ont pu apporter quelques modifications aux phénomenes ignés, et remanier quelquefois une partie de leurs produits.

Nature du conglomérat trachytique.

Au milieu et au-dessus des conglomérats le trachyte porphyrique constitue des assises qui présentent, malgré quelques variations locales, des caractères généraux assez constans; aux environs des bains du Mont-Dore, sa pâte légèrement colorée en gris est cristalline et souvent peu cohérente. Dans les escarpemens des environs du Puy-

Nature du trachyte.

de-Sancy, souvent elle est composée de points cristallins qui lui donnent l'apparence de domite. Les cristaux sont de feldspath blanc vitreux, fendillé dans tous les sens et affectent presque toujours une forme maclée. A mesure que l'on s'éloigne du Puy-de-Sancy, le porphyre devient plus compacte, et vers les extrémités l'assise trachytique supérieure présente à Besse, aux pâturages de Guery, etc..., des caractères qui rapprocheraient ce porphyre des phonolites.

Trachyte
en filons.

Le trachyte forme souvent des prismes aussi beaux que le basalte, mais cette disposition est surtout fréquente dans le trachyte en filons. Celui sur lequel est construit l'établissement même des bains nous en offre un exemple remarquable. Cette structure pseudo-régulière de quelques trachytes du Mont-Dore, qui se retrouve dans des porphyres beaucoup plus anciens, comme ceux d'Édimbourg, par exemple, a fait souvent confondre les trachytes et les basaltes; mais cette dernière roche, quoique existante réellement sur quelques sommités du Mont-Dore, y est beaucoup moins abondante qu'on ne le croit généralement.

L'assise supérieure de trachyte forme presque partout la surface des plateaux.

L'assise supérieure de trachyte est la plus épaisse; elle forme le sol de la plus grande partie des pâturages du Mont-Dore, à l'exception des pâturages du fond de la vallée et de ceux qui avoisinent le Capucin. Cette assise est la seule qui se retrouve dans les coupures un peu éloignées du centre du groupe. Placé sur la sommité saillante du Puy-de-Sancy, dans la vallée des Bains ou aux environs de Murat-le-Quaire, on reconnaît la manière dont s'étend cette nappe; ainsi on voit distinctement que la couche de trachyte, qui constitue le plateau de l'Angle et les escarpemens de la cascade du Mont-Dore, se continue

jusqu'au roc de Cuzeau, où elle se relève sous
un angle plus rapide. Cette disposition est très-
fidèlement représentée dans l'une des planches
de l'ouvrage de M. Amédée Burat sur les volcans
de la France centrale. Un escarpement situé
entre la cascade et le roc Cuzeau et où il y a même
eu un éboulement qui paraît encore tout frais,
mais dont l'époque est cependant entièrement in-
connue aux habitans, met à nu cette assise supérieure et nous permet d'en reconnaître la manière
d'être mieux qu'en aucun autre point.

C'est évidemment cette même assise de trachyte
porphyrique qui forme le sol des pâturages où
prennent naissance les sources de la cascade du
Mont-Dore, ainsi que de ceux qui s'étendent entre le roc de Cuzeau et le Puy de l'Angle. Elle
se relève d'une part vers le plateau de Cacadogne, et de l'autre vers le Puy-de-la-Tache; elle
forme l'escarpement de la cascade de Quereilh;
c'est encore elle évidemment qui, descendant
du Puy-de la Croix-Morand et du groupe du
Puy-de-la-Tache, forme le sol des pâturages
situés entre la Croix-Morand et le lac de Guery;
elle se relève pour former le Puy-de-l'Aiguiller,
le Puy-Gros et les croupes arrondies situées entre
le lac Guery et la Banne d'Ordenche. Cette même
assise trachytique se relève un peu pour former
le cirque qui entoure les roches Thuilière et
Sanadoire: Elle forme les pâturages inclinés à
l'O.-N.-O. qui environnent la Banne, s'étend ensuite dans la plaine, sans aucun ressaut considérable, vers la petite route de Clermont, et elle se
prolonge enfin du côté de Tauves et de la Tour d'Auvergne. De ces points éloignés et très-bas elle se relève avec une uniformité remarquable en formant la
montagne des Bois-de-Charlanne, celle de Bozat, le

Capucin et elle revient former, en face du Puy-de-Sancy, les escarpemens du Puy-de-Cliergue et ceux qui dominent la Cour jusqu'au Puy-Redon.

Le relèvement de l'assise trachytique supérieure vers la roche Sanadoire, et les déchiremens qu'elle présente à l'E. du lac Guery, laissent paraître le conglomérat ponceux sur lequel elle repose presque constamment. On voit cette même superposition dans les escarpemens de la Cour, du roc de Cuzeau et dans ceux qui le joignent au Puy-Ferrand.

Nous avons indiqué que les pentes du Mont-Dore étaient recouvertes d'une ceinture de basalte dont les nappes présentaient aussi une légère inclinaison vers la partie extérieure du groupe; on voit en outre du basalte sur quelques sommités, comme à la Banne d'Ordenche. On pourrait croire que ce basalte est plus ancien que le trachyte, et qu'il a été mis dans la position qu'il occupe actuellement par l'élévation du trachyte; mais la position relative de ces deux roches montre bientôt que le basalte est au contraire plus moderne que le trachyte. En effet, il forme des filons considérables qui coupent toutes les assises de trachyte et de conglomérat, et se répandent en nappe à la surface de ce terrain. La banne d'Ordenche que nous venons de citer fournit un exemple remarquable de ces filons basaltiques.

La disposition inclinée des nappes basaltiques situées sur le pourtour du groupe, de celles, par exemple, du Puy-de-Pailhet au N.-O. de Vassivière, s'oppose à la supposition que la forme du Mont-Dore serait due à une éruption volcanique ordinaire. Mais ces nappes se tenant ici généralement plus loin du centre qu'au Cantal, soit par l'effet

Basalte sur quelques sommités trachytiques.

d'une dénudation, soit par toute autre cause, ne peuvent nous fournir des argumens aussi directs. C'est de l'examen de la disposition des trachytes que nous devons les tirer.

On a presque toujours supposé que l'existence si remarquable au Mont-Dore de mamelons centraux, flanqués de longs plateaux inclinés, était due à des actions volcaniques semblables à celles qui agissent encore de nos jours; mais cette explication ne rend que très-imparfaitement compte des phénomènes que nous offrent ces contrées. En effet, nous avons fait remarquer que la nappe supérieure de trachyte qui forme les pâturages du Mont-Dore se montre partout à la surface du sol, excepté dans les intervalles où une dénudation l'a fait disparaître; on la reconnaît sur tous les plateaux qui séparent les déchiremens et on la retrouve presque toujours jusque vers le sommet des escarpemens; enfin cette assise, loin de présenter une inclinaison constante et graduelle vers un seul point, se relève sous des angles très-variés vers plusieurs centres. La supposition que les trachytes sont dus à différens foyers d'éruption expliquerait sans doute jusqu'à un certain point le relèvement convergent des assises trachytiques vers ces différens centres; mais comment concevoir alors l'unité et la continuité de cette nappe de trachyte que l'on suit si aisément de proche en proche? La disposition des vallées est aussi très-difficile à concevoir dans cette hypothèse, tandis que, ainsi que nous l'avons déjà montré en parlant du Cantal, elle est au contraire complétement conforme à la disposition que présenteraient ces vallées de déchirement auxquelles les soulèvemens donnent nécessairement naissance.

La forme du Mont-Dore ne peut être le résultat d'éruptions comme celles d'aujourd'hui.

La seule analogie que les assises trachytiques du Mont-Dore présentent avec les laves modernes, consiste dans les scories qu'elles présentent à leurs parties inférieures et supérieures; quelques géologues paraissent croire que l'existence d'une nappe de matière fondue, présentant des scories à ses deux surfaces inférieure et supérieure, suppose l'existence préalable d'un cône d'éruption. Le rapprochement de ces deux idées nous paraît entièrement gratuit. Il nous suffira pour le prouver de rappeler que la lave de 1730 à lancerote épanchée par une longue crevasse, et répandue sur une vaste surface horizontale, n'en est pas moins scoriacée près de ses deux surfaces. Le porphyre trachytique ne ressemble d'ailleurs pas plus par sa texture minéralogique à une lave moderne refroidie sur une pente de quelques degrés, que la disposition des trachytes en grandes nappes très-étendues dans tous les sens, ne ressemble à celle des coulées étroites produites par les cratères des Monts Dore.

Lorsqu'on se rend un compte exact de la disposition des lambeaux, séparés aujourd'hui par différentes vallées de déchirement ou d'érosion qui restent comme autant de témoins de la continuité certainement plus complète autrefois de la grande assise supérieure de trachyte; on n'y reconnaît absolument rien qui puisse justifier l'idée qu'elle aurait été formée par différentes coulées émanées à des époques successives, à la manière des coulées modernes, des points vers lesquels elle se relève aujourd'hui. La manière constante dont elle se superpose dans toute son étendue à une même assise de conglomérats, annonce au contraire que toutes ses parties ont été formées en même temps, ce qu'on ne peut expliquer qu'en admettant que la matière molle de ce trachyte supérieur vomie simultanément par différentes bouches, en nombre égal peut-être à celui des variétés de texture qu'on y observe, s'est étendue à l'entour des différens points d'éruption à une distance assez grande pour que ses diverses parties en se joignant et se confondant ensemble pussent former une masse continue. La surface supérieure de cette vaste assise devait être originairement à peu près horizontale, car aucune coulée moderne refroidie sur un sol sensiblement incliné ne présente une texture à la fois cristalline et compacte comparable à celle du trachyte porphyrique. A en juger par les analogies que nous offrent les volcans actuels et les produits de nos fourneaux, cette texture ne peut résulter que du refroidissement très-lent d'une grande masse en repos. Aujourd'hui au contraire, elle offre une disposition dont on ne peut donner une idée plus juste qu'en la comparant à celle d'une toile tendue horizontalement, et qu'on soulèverait à la fois dans plusieurs points assez éloignés les uns des autres, de manière que l'inclinaison qu'elle prendrait dans un point n'aurait que peu d'influence sur l'inclinaison que lui donneraient les autres supports. Ces points soulevés ont donné naissance à des protubérances, ou à de simples bosses, lorsque la force n'a pas été assez énergique pour se faire jour à travers la nappe trachytique; il en est résulté au contraire des excavations considérables lorsque le sol soulevé a cédé à l'action qui agissait sur lui, et qu'il s'est déchiré et ensuite dégradé. Ces excavations, entourées presque de tous

côtés par des escarpemens abruptes, présentent
une forme analogue à celles auxquelles M. de Buch
a appliqué la dénomination de cratères de soulèvement, et nous pouvons même ajouter que cet
illustre géologue, qui a commencé par l'Auvergne
l'étude des terrains volcaniques, regarde depuis
long-temps les escarpemens qui font face au Puy-
de-Sancy, comme un cratère de soulèvement, dont
la vallée des Bains serait la principale fracture.

La vallée de la Tranteine présente, dans une
direction presque diamétralement opposée à celle
des Bains, les traces beaucoup plus dégradés d'une
autre crevasse de déchirement. Enfin, la vallée de
Chaudefour, qui descend du pied oriental du Puy-
de-Cacadogne, vers Vouassière et le Chambon peut
encore être considérée comme devant son origine à
un déchirement produit par le soulèvement. Cependant elle ne prend naissance qu'en dehors du
cirque central, circonstance qui se rattache sans
doute aux autres irrégularités que présente le soulèvement. Ces trois vallées divisent la base du cône
irrégulier, dont le Puy-de-Sancy serait l'axe en
trois segmens inégaux.

Dans le groupe du Puy-de-Sancy, le relèvement des nappes de matière fondue, dont tout
annonce l'horizontalité primitive, est plus rapide
que dans le Cantal, et par conséquent il est en
lui-même encore plus évident, mais il est en
même temps moins régulier, ce qui fait que son
influence, sur la forme de l'ensemble du groupe,
ne se manifeste pas d'une manière aussi simple.

Au Puy de-Gros, situé au midi du Puy-de-
Sancy, les assises trachytiques nous ont paru
plonger vers l'extérieur, sous un angle d'environ
35°; et quoique cette grande inclinaison soit un

fait local, elle mérite d'être remarquée, parce qu'il serait sans doute au moins très-rare d'en trouver de semblables sur les flancs des volcans en éruption. Dans tout le reste du cirque, qui entoure le Puy-de-Sancy, l'inclinaison est moindre, mais elle est cependant presque toujours de plus de 10°. Cette inclinaison, ainsi que nous l'avons déjà indiqué, diminue dans toutes les directions à mesure qu'on s'éloigne, de sorte que la section méridienne de l'assise supérieure est toujours une courbe concave, dont la forme approche de celle d'une chaînette; mais la courbure de ces sections méridiennes et l'inclinaison de leur premier élément, varient beaucoup de l'une à l'autre. Vers le N.-O. et vers l'O. la courbure est peu considérable, et la section méridienne approche d'être rectiligne. Ce défaut de similitude des différentes sections méridiennes, jette nécessairement de l'incertitude dans le choix des élémens du cône que nous substituons par la pensée à la forme réelle, et plus compliquée de la masse soulevée, afin de calculer les effets du soulèvement, et elle ajoute encore aux autres causes déjà indiquées, qui font que le résultat de nos calculs ne peut être considéré que comme une simple approximation. Nous allons cependant tenter ces calculs qui ont toujours l'avantage de fixer et d'éclaircir les idées.

Le rayon de l'espace dans lequel les nappes trachytiques se relèvent vers le Puy-de-Sancy ne paraît pas être constant, mais on peut le considérer comme étant moyennement égal à la distance du Puy-de-Sancy au point où les torrens se réunissent au-dessous du village du Chambon pour se jeter dans le lac du même nom. Cette distance est d'environ 8400 mèt., nous poserons donc pour le Mont-Dore R=8400 mèt.; nous prendrons pour l'angle θ, qui représente la moyenne inclinaison des nappes trachytiques, l'angle sous lequel on apercevrait le plateau de Cacadogne du point de réunion des torrens au-dessous du Chambon. La distance du plateau de Cacadogne à ce point étant de 6500 mèt., et la hauteur verticale du plateau de Cacadogne au-dessus du lac Chambon de 925 mèt., nous aurons

$$\text{Tang. } \theta = \tfrac{925}{6500} = 0,142 \text{ et } \theta = 8°. 6'.$$

D'autres mesures, et quelques profils dessinés sur les lieux, nous ont donné à peu près le même résultat.

Les escarpemens qui font face au Pic-de-Sancy ne forment pas un cercle parfait; et le point le plus central, par rapport à eux, ne serait pas la cime même de ce pic, mais un point de sa déclivité septentrionale situé au sud du ravin de la craie, et placé en même temps presque au milieu du groupe central des filons trachytiques : la distance moyenne de ce point aux escarpemens serait d'environ 1,700 mètres. En substituant cette valeur à r dans la formule (3), elle nous donnera la valeur approximative de la somme des largeurs originaires des fissures par écartement que le soulèvement aura dû occasioner dans l'ensemble des escarpemens circulaires. On obtient ainsi

$$\Sigma f = \pi (6700) (0,142)^2 = 436^m$$

le développement d'une circonférence de 1,700^m. de rayon étant de 10,681^m., la somme des fractures et des fendillemens que nous venons de trouver en forme à peu près $\tfrac{1}{24}$. Cette proportion est déjà assez forte; mais si l'on observe qu'une partie considérable de la somme des fractures a dû être absorbée par les vallées principales, on voit que les fendillemens reportés sur le reste de la masse soulevée n'ont pas pu être assez considérables pour être un obstacle sensible à l'apparence de continuité que ses assises offrent aujourd'hui à nos regards dans une partie de leur étendue. Cette somme de fractures de 436 mèt. est certainement assez grande pour avoir dû, dès l'origine, donner fortement prise aux agens atmosphériques sur la masse soulevée. Si elle s'était répartie en entier en trois crevasses, chacune d'elles aurait eu à sa partie supérieure près de 150 mètres de largeur, et il n'en faut pas tant pour produire une forte ébauche de vallée; nous avons déjà indiqué, en parlant du Cantal, comment l'action des eaux a pu faire le reste.

Il nous paraît digne de remarque que malgré l'irrégularité plus grande du Mont-Dore, qui aurait dû, toutes choses égales, le rendre plus destructible que le Cantal, les causes, quelles qu'elles soient, qui ont occasioné la disparition des pointes des secteurs soulevés, et donné naissance au cirque central, y ont agi avec beaucoup moins d'effet qu'au Cantal, puisque nous venons de trouver qu'au Mont-Dore les pointes des secteurs soulevés n'ont été démolies que jusqu'au point où la somme des fractures dues au soulèvement était moyennement égale à $\frac{1}{24}$ de la circonférence sur laquelle elles étaient réparties; tandis qu'au Cantal elles ont été démolies, ainsi que nous l'avons vu plus haut, jusqu'au point où la somme des fissures dues au soulèvement était $\frac{1}{106}$ seulement de la circonférence sur laquelle elles se trouvaient. De là il est résulté, au centre du groupe du Cantal, un cirque proportionnellement beaucoup plus grand que celui qu'on observe au Mont-Dore. Si la démolition s'était faite dans les deux groupes suivant la même proportion, si par exemple elle s'était étendue dans l'un et l'autre groupe, jusqu'au point où la somme des fissures originaires était $\frac{1}{50}$ de la somme des parties solides qui les séparaient, le rayon de l'espèce d'entonnoir qui se serait produit aurait été, d'après la formule donnée dans l introduction, page 554, savoir :

Pour le Cantal, de . . . 2164^m
Pour le Mont-Dore, de 2860^m

C'est-à-dire un peu plus étroit pour le Cantal que pour le Mont-Dore, tandis qu'il est plus que double.

D'après les résultats numériques consignés dans l'Introduction, une différence du même genre existe entre les cirques de Ténériffe et de Palma. Ici cette différence s'explique naturellement, dans les idées de M. de Buch, en remarquant que l'élévation du cône trachytique du pic au milieu de l'espace soulevé à Ténériffe a dû être une cause de démolition qui n'a pas eu d'équivalent exact à Palma. La différence que nous venons de signaler entre le Cantal et le Mont-Dore peut se rattacher à une circonstance analogue. Au centre du Cantal on observe une large masse de phonolite qui paraît avoir été l'agent du soulèvement. Au centre du groupe principal du Mont-Dore, on n'observe que des filons de trachyte qui traversent irrégulièrement une grande masse de conglomérats trachytiques. Si ces roches, au lieu d'être l'agent direct du soulèvement, ont seulement été pressées par des phonolites qui ne sont pas parvenus au jour, il est naturel que la démolition de la partie centrale ait été proportionnellement moins grande au Mont-Dore qu'elle ne l'a été au Cantal.

L'espèce de perturbation produite par une telle différence dans la manière d'agir des masses soulevantes, a nécessairement dû être plus sensible au centre des espaces soulevés que sur leur pourtour. Dans leurs parties extérieures, les deux groupes doivent approcher beaucoup plus de présenter les rapports déterminés par l'inclinaison actuelle des surfaces soulevées.

Les cônes du Cantal et du Mont-Dore étant à peu près à la même hauteur au-dessus de la mer, s'élevant de quantités presque égales au-dessus du terrain environnant, se trouvant soumis à l'influence du même climat, et l'ayant éprouvée, selon toute apparence, pendant le même laps de temps, il est naturel de penser que, sauf la diversité de résistance des matériaux qui les composent, leur état de déchirement actuel doit dériver à peu près de la même manière de l'état de déchirement primitif produit en premier lieu par le soulèvement auquel nous attribuons les principaux traits de leur forme, et qu'ainsi les déchiremens observables aujourd'hui dans l'un et dans l'autre doivent, à partir d'une certaine distance du centre, présenter des différences analogues à celles que le calcul indique dans les déchiremens résultant directement du soulèvement. Pour nous en assurer, il faut d'abord, ainsi que nous l'avons fait dans l'Introduction en comparant Ténériffe à Palma, calculer, pour le Cantal et pour le Mont-Dore, la valeur de H, ou de la partie de la verticale du centre de soulèvement comprise entre la surface primitive et le point où cette même verticale serait rencontrée par la surface supérieure des assises soulevées, supposée prolongée régulièrement ; or, on trouve pour le Cantal :

$$H = R \tan \theta = 22{,}000^m \times 0{,}065 = 1420^m$$

et pour le Mont-Dore :

$$H = R \tan \theta = 840{.}0^m \times 0{,}142 = 1195^m$$

D'après cela, la formule (1) donne pour la valeur approchée de la somme des fissures produites par le soulèvement dans la surface supérieure du Cantal,

$$S = \tfrac{1}{2} \pi H^2 = 3{,}171{,}000^{\,m.c.};$$

et dans celle du Mont-Dore,

$$S = \tfrac{1}{2} \pi H^2 = 2{,}224{,}500^{\,m.c.}$$

La somme relative au Cantal est environ une fois et demie aussi grande que celle relative au Mont-Dore ; mais, la surface du cône du Cantal étant en même temps plus de six fois plus grande que celle du cône du Mont-Dore, on voit que, toutes choses égales, ce dernier devait, après le soulèvement, se trouver, proportion gardée, quatre fois aussi crevassé que le premier. Les flancs du Cantal présentent en effet, près de sa circonférence extérieure, beaucoup plus de plateaux unis et continus que ceux du Mont-Dore, et si la différence entre les deux groupes de montagnes n'est pas aussi tranchée que l'indique le résultat du calcul, on peut l'attribuer, sans invraisemblance, à la plus grande prédominance, dans le groupe du Cantal, des conglomérats qui sont beaucoup plus susceptibles que les masses solides de trachyte d'être minés et entraînés par l'action des eaux torrentielles.

Conformément à ce que nous a indiqué la discussion générale à laquelle nous nous sommes
livrés dans l'Introduction, ceux des secteurs du
Mont-Dore, où les assises trachytiques sont le
plus fortement inclinées, sont en même temps,
toutes choses égales, les plus dégradés. C'est vers
le N. et le N.-O., où l'inclinaison est la moindre,
qne se présentent les escarpemens les plus continus et les mieux conservés.

L'application de la formule (4) nous donne,
pour le rapport de la somme originaire des fractures, mesurées sur une circonférence située à
égale distance de la base et du sommet du cône
de soulèvement du Mont-Dore, au développement total de cette circonférence

$$\tfrac{1}{2}\,(0,142)^2 = 0,01012.$$

Ce résultat, que nous avons déjà présenté à la
fin de l'introduction, place le cône du Mont-Dore
entre celui de Ténériffe et celui de Palma, sous le
rapport de la manière dont, par suite du soulèvement, il se sera trouvé ouvert à l'action des agens
atmosphériques. Il devait donc être plus dégradé
que celui de Ténériffe, et, eu égard à l'influence du
climat que nous avons indiquée en parlant du
Cantal, et à la grande inclinaison des assises
relevées, dans quelques parties du contour, on
conçoit que dans certains points il peut être plus
dégradé même que le cône de Palma. L'observation confirme cet aperçu. Dans les parties situées
vers le sud, et qui sont les plus inclinées, le cône
du Mont-Dore est beaucoup plus dégradé que
celui de Palma ; dans les parties situées au N. et
au N.-O, sa surface est moins déchirée que celle
du cône de Palma ne l'est par les *Barancos*, et il

présente même des plateaux inclinés assez continus, quoique moins étendus que ceux du Cantal.

On voit donc que, malgré son peu de régularité et en ayant égard aux circonstances accessoires,
le cône de soulèvement du Mont-Dore présente
encore, soit avec d'autres cônes dont l'origine
paraît être analogue, soit dans la comparaison de
ses diverses parties entre elles, le genre de rapports qui, dans l'hypothèse du soulèvement, se
trouve indiqué par la comparaison des élémens
numériques.

En résumé, il nous paraît impossible de rendre
raison de la forme du groupe des Monts-Dore et
de la disposition des masses qui le constituent, en
le considérant comme le résultat de la destruction d'un ou plusieurs cônes d'éruption analogues au Vésuve ou à l'Etna; tandis que nous
croyons qu'on peut y reconnaître l'effet de plusieurs soulèvemens, qui ont élevé et déchiré un
plateau trachytique. Le Puy-de-Sancy et les roches Thuilière et Sanadoire sont placés aux deux
centres de soulèvement les plus remarquables; et
autour de ces deux centres on peut reconnaître
quelque chose d'analogue à des cratères de soulèvement.

Nous avons dessiné les deux cartes (pl. X et XI)
en coordonnant, d'après nos propres observations, tous les matériaux publiés jusqu'à ce jour.
M. Amédée Burat, qui a visité depuis nous le Cantal et les Monts-Dore, a bien voulu revoir avec nous
cette partie de notre travail et nous fournir un
grand nombre d'observations nouvelles.

ADDITION

Au Mémoire sur le Cantal et le Mont-Dore,
par MM. Dufrenoy et Élie de Beaumont.

Dans tous les calculs du Mémoire précédent nous avons supposé que la surface soulevée était rigoureusement horizontale avant le soulèvement. Il est bien probable, vu la viscosité des matières volcaniques en fusion, que le nombre des cas où cette supposition serait parfaitement exacte est très-petit, et que le plus souvent le soulèvement n'a brisé et relevé qu'une surface plus ou moins inégale; mais il est aisé de s'assurer que ces irrégularités probables, dont nous n'avons tenu aucun compte, pouvaient en effet être négligées sans donner lieu à de grandes erreurs dans les résultats approximatifs que nous avons cherché à obtenir. Supposons, en effet, que la surface primitive de l'espace compris dans la circonférence de la base du cône de soulèvement, au lieu d'être exactement plane, fût déjà bombée, et qu'au point qui correspondait au centre de ce cercle elle fût déjà élevée d'une quantité H' au-dessus du plan horizontal, dans lequel ce même cercle est tracé. Afin d'obtenir un nouveau degré d'aproximation, tenons compte de la partie la plus importante du bombement dont il s'agit, en supposant que la surface primitive de l'espace soulevé ait été celle d'un cône, ayant même base et même axe que le cône formé par le soulèvement, et une hauteur H' égale à celle du bombement dont il s'agit. Le soulèvement, au lieu d'avoir déchiré une surface

plane, aura déchiré cette surface conique suivant
ses arêtes, et en aura relevé les secteurs désunis,
de manière à leur faire prendre l'inclinaison observée dans le cône de soulèvement, dont la hauteur est H; H est, d'après l'hypothèse même, plus
grand que H′. Le cône de soulèvement ne devra
plus alors être comparé au cercle qui lui sert de
base, mais au cône d'une hauteur H′, qui a aussi
ce même cercle pour base. Cette comparaison
pourra s'établir par des procédés analogues à ceux
que nous avons employés, pour obtenir les formules (1) et (2), et en suivant les méthodes de
simplification que nous avons déjà mises en usage;
on trouvera que dans cette nouvelle hypothèse les
formules (1) et (2) sont respectivement rempla-
cées par les suivantes :

$$S = \tfrac{1}{2} \pi \left(H^2 - H'^2 \right)$$

$$\Sigma f = \pi \left(R - r \right) \left(\frac{H^2 - H'^2}{R^2} \right)$$

Ces formules se réduisent aux formules (1) et (2),
lorsqu'on suppose que H′ est nul ou que la surface
primitive est plane. L'erreur commise, en supposant que la surface primitive était plane au lieu
d'être conique, se trouve mesurée par le rapport
du second terme de ces nouvelles formules au premier, c'est-à-dire par le carré du rapport de la
hauteur du cône primitif à celle du cône de soulèvement; carré, qui sera toujours très-petit, si la
hauteur du cône primitif n'a pu être qu'une frac-
tion peu considérable de celle du cône définitif
résultant du soulèvement; ou, ce qui revient au
même, si l'inclinaison des arêtes du cône de soulèvement surpasse, dans une proportion considérable, celle qu'il est possible de supposer à la surface

d'une large nappe de matière fondue, refroidie tranquillement. Attribuer à une pareille surface une inclinaison moyenne d'un degré, serait déjà peut-être une hypothèse fort hasardée; car bien peu de courans de lave ont pris une forme basaltique dans des vallées d'une pente moyenne, de 175 mètres par myriamètre, pente qui correspond à une inclinaison d'un degré.

L'erreur commise, en supposant que la surface primitive était plane, n'a donc pu influer d'une manière bien sensible sur les résultats de nos calculs. Cela vient de ce que l'ouverture des fissures de déchirement résulte beaucoup plus des dernières parties du mouvement angulaire des secteurs désunis que des premières, circonstance dont il est aisé de se rendre compte, et qui se lit même dans les formules que nous venons trouver. Cette circonstance, qu'il était important de noter, fait qu'il serait très-difficile de reconstruire, ainsi qu'on aurait pu se le proposer, la surface primitive du sol d'après la forme du sol soulevé. L'examen des nappes de matière fondue, limite presque seule la pente des inégalités qu'on peut concevoir dans cette surface primitive; et la forme des formules laisse à cet égard une latitude qu'on n'aurait peut-être pas été porté à supposer avant d'en avoir obtenu l'évaluation.

Pour le Cantal, par exemple, nous avons trouvé $H = 1420$ mètres; si on supposait qu'avant le soulèvement la masse volcanique du Cantal eût déjà pu être assimilée à un cône élevé de 450 mètres au-dessus des terrains environnans, ou aurait :

$$\frac{H'}{H} = \frac{450}{1420}$$

et par suite

$$H'^2 = H^2 \left(\frac{450}{1420}\right)^2 = H^2 (0,1004),$$

c'est-à-dire que H'^2 ne serait guères qu'un dixième de H^2, et que l'erreur que nous aurions introduite dans tous nos résultats, en négligeant la gibbosité primitive du Cantal, ne serait guères que d'un dixième.

Nous avons trouvé pour le Mont-Dore $H=$ 1195 mètres. Si on suppose que la surface primitive du Mont-Dore ait pu être représentée par un cône ayant son centre vers le Pic-de-Sancy, et une hauteur de 400 mètres au-dessus des terrains environnans, on aura :

$$\frac{H'}{H} = \frac{400}{1195}$$

$$H'^2 = H^2 \left(\frac{400}{1195}\right)^2 = H^2 (0,112);$$

ainsi H'^2 ne sera guères que le dixième de H^2, et l'erreur que nous aurons introduite dans nos résultats, en négligeant la gibbosité primitive du Mont-Dore, sera de très-peu supérieure à un dixième.

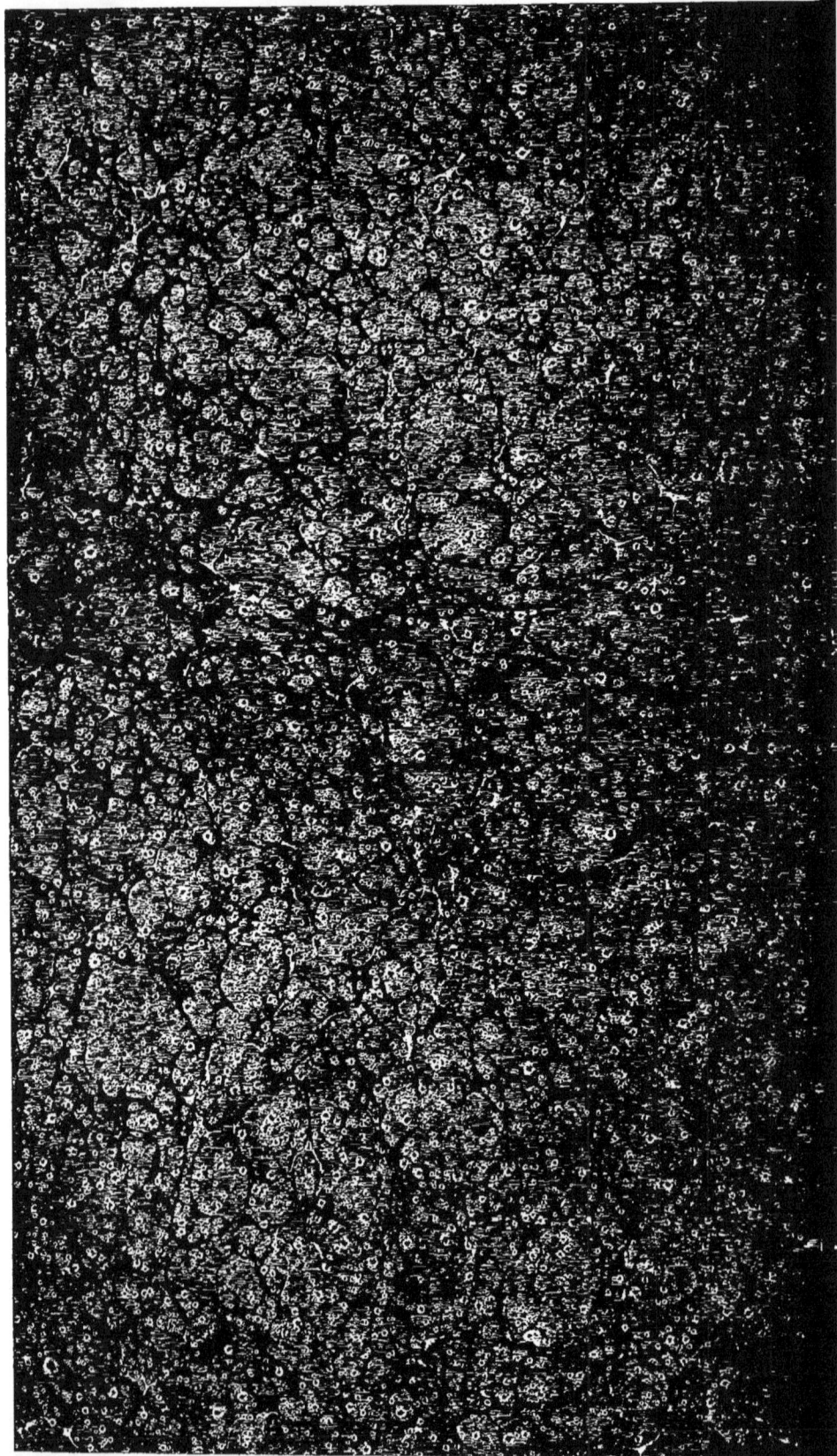

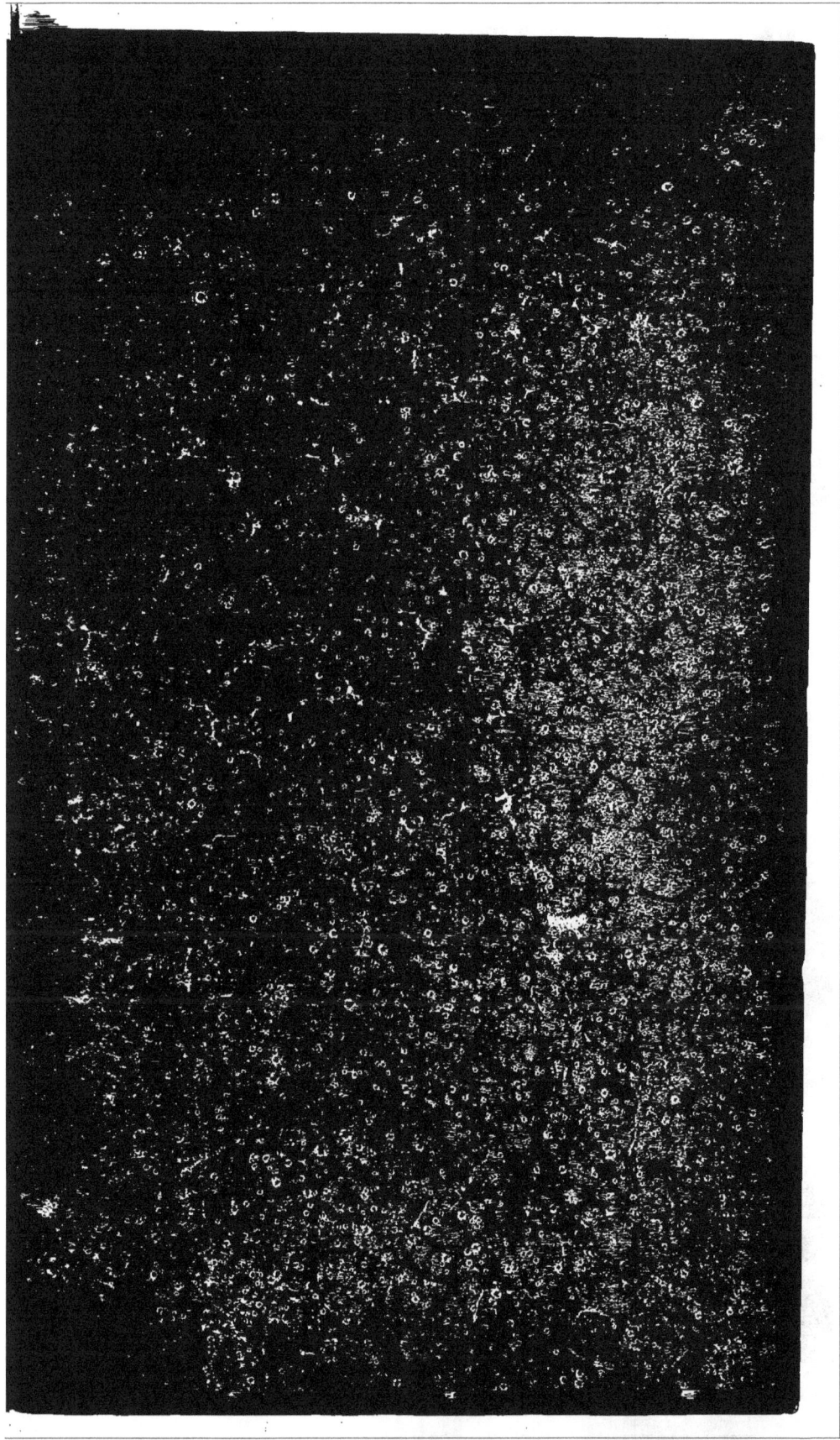

www.ingramcontent.com/pod-product-compliance
Lightning Source LLC
Chambersburg PA
CBHW071519200326
41519CB00019B/6001